아들아, 방황해서 고마워

아들아, 방황해서 고마워

누구의 잘못이었을까?

유신애 지음

Castingbooks

주름이 져도 가장 예쁜 우리 엄마

예전에는 자주 다투기도 했던 우리 가족이
점점 서로를 아낄 줄 알게 된 것 같아서 요즘 너무 행복해.

엄마와 아빠가 운동을 시작하고 나서
몸도 마음도 건강해진 것 같아서 정말 보기 좋아.

단 한 번도 내가 하고 싶다고 한 것에 반대한적 없었고,
오히려 세상 누구보다 나를 열심히 지지해주는 엄마에게
항상 고마운 마음이 커.

내 어릴 때 기억에 우리 엄마는
그 어떤 아줌마 중에서도 제일 예뻤었는데,
세월이 지날수록 나이가 들며 주름이 생기는 엄마의 얼굴을 보면,
어쩔 수 없는 자연의 이치인걸 알면서도 조금 속상해.

영원히 주름 없이 아름다울 순 없지만,
내가 주름이 생겨서 쪼글쪼글 할머니가 될 때까지
엄마와 함께라면 너무너무 행복할거 같아.

사랑해.
누구보다 노력하는 엄마를 잘 알아.

Prologue

어느 봄 날, 활짝 피어날
당신들의 꽃을 보고 싶습니다.

아들의 방황으로 인해 삶이 황폐해졌다고 느끼며 살아가던 어
느 날, 갑자기 아들의 방황이 고맙다는 생각이 들었습니다. 아들의
방황은 저와 남편을 철 들게 만들었습니다. 지금껏 살면서 좁은 시
야로 한 방향만 바라보고 가던 저에게, 다른 방향도 있다는 걸 알
게 해주었고, 평생 오만하게 살아갈 수 있었던 저를 더욱 낮추고,
겸손하게, 주위를 둘러보며 살게 해주었습니다. '나의 중심' 없이
그저 다른 사람들이 쫓는 가치를 조급하게 쫓아가려 했던 이 모자
란 엄마에게 '내 자신이 진정으로 원하는 가치가 무엇인지?', '진정
한 행복이 무엇인지?', 한 번 더 생각할 기회를 주었습니다. 이제부

터 우리 아이들에게 저는 어떤 엄마가 되어야 할지에 대한 방향도 확실히 알게 되었습니다. 그래서 이제는 아들이 방황하는 이 모든 시간들이 너무 소중하고 고마운 시간이 되어가고 있습니다.

어느새 저는 결혼 21년 차가 되는 중년의 아줌마가 되었습니다. 나의 젊음이 조금 더 오래 지속될 줄 알았고, 별 다른 준비 없이 결혼생활에 뛰어든 저는 그 사이 결혼생활에서 경험할 수 있는 크고 작은 어려움에 부딪히며 나름대로 정면 돌파를 해왔습니다. 제 인생의 모토는 '피하지 말자!', '나 자신에게 부끄러워지지 말자!', '무엇이든 끝까지 해내자!'였었습니다. 지금도 제 생각은 퇴색되지 않았습니다. 그 가치관을 끝까지 지키기 위해 끊임없이 실수하고, 그 실수를 배움으로 삼고, 지금까지 굳건히 살아왔습니다. 앞으로 그렇게 살아가고자 합니다.

인생 고비 고비마다 저를 더 나은 길로 가이드 해주었던 것은, 저보다 먼저 경험했던 선배 엄마들과 훌륭한 책들이었습니다. 책은 심신이 지치고 힘들 때, 저에게 큰 위로를 주었고, 심지어 어떤 문제에 대한 해결 방법을 몰라서 막막해하던 저에게 좋은 해결방법까지 제시해 주기도 했었습니다. 저와 마찬가지로 준비 없이 결

아들아 방황해서 고마워

혼생활을 마주했던 남편의 방황과 사춘기 아이들의 방황은 제게 큰 시련으로 다가왔었습니다. 하지만 수백 권의 소중한 책들을 통해 그 시련과 아픔을 성장과 행복의 순간들로 만들어 가기 시작했습니다.

저는 제 인생의 어려움을 환경과 타인의 탓으로 돌리며, 많이 원망하고 슬퍼했었습니다. 그래도 다행인 것은 제가 책을 읽고 공부를 하겠다고 결심을 했던 점이었습니다. 수백 권의 책들은 저를 깨우고, 저에게 큰 깨달음을 선사했습니다. 제가 주변사람들과 환경의 탓이라고 생각했던 시련과 어려움들은 사실 모두 나로 인해 계속되고 있었던 것이었습니다. 그런 어려운 상황에서도 제가 변화하지 않기 때문에 제가 아프고 힘들었던 것이었습니다. 인생의 행복은 제가 스스로 만들어 가야 하는데, 저는 부모님에게, 남편에게, 그리고 심지어 자녀들에게 의지하고 있었던 것입니다.

사람들은 크게 다르지 않은 인생을 살아가면서 서로 비슷한 경험과 어려움을 마주하리라 생각합니다. 지금 이 순간도 시어머니, 남편, 아이들과의 문제나 관계로 힘든 상황을 겪는 분들이 많으리라 생각합니다. 저는 사랑하는 자녀들의 심한 사춘기의 방황을 통해 많이 아프기도 했지만, 우리 아이들의 외침을 통해 가치관과 사고의 대전환을 겪었다고 당당히 말하고 싶습니다. 이제는 다른 것을 원한다고, 어른들이 정해 놓은 기준이 싫다고, 외칠 수 있는 아이들의 건강함에 오히려 감사를 하며, 그로인해 저는 더 넓은 세상을 보게 되었고, 제 자신을 찾아가고 있는 중입니다. 이미 세상이 정해 놓은 기준을 쫓아가며, 며느리 역할, 아내 역할, 그리고 육아의 무게를 버티고 있는 이 세상 엄마들에게 감히 말하고 싶습니다.

우리는 누군가의 며느리이고, 아내이며, 그리고 엄마이기 이전에 한 인간이라고 말하고 싶습니다. 그리고 남편의 상태나 아이들의 양육 결과에 따라 우리 자신의 가치와 삶의 행복을 가늠하지 말자고 말하고 싶습니다. 이제 저와 같은 어려움으로 고민하고, 아파하는 또는 앞으로 비슷한 어려움을 겪을 엄마들과 저의 경험을 나누고 싶습니다. 제가 이러한 경험을 통해 차츰 변화해 온 과정 그리고 어떠한 주변 여건이나 환경에서도 제 자신을 찾고 지킬 수 있었던 방법들을 나눔으로써, 좀 더 많은 엄마들이 자기 안에서 행복과 즐거움을 찾을 수 있는 전환의 기회를 만들어 갈 수 있기를 바래봅니다.

아들아 방황해서 고마워

엄마들의 행복이 곧 아이들의 행복이라는 것은 누구나 다 알고 있을 것입니다. 모든 엄마들이 처음 겪는 자녀의 '사춘기'라는 터널을 지나면서, 나아갈 길이 막막하고 의논할 사람조차 없을 때, 저의 글이 한 줄기 빛을 비춰줄 수 있기를 소망하며, 그 터널에서 벗어나게 되는 날 우리 모든 엄마들과 아이들이 함께 성장하고, 진정으로 행복해하는 자신들의 모습을 발견할 수 있길 바라봅니다. 우리는 모두 조금씩 부족한 인간입니다. 누구나 실수를 할 수 있습니다. 아이도 엄마도 지금까지 조금 부족했다면, 앞으로 변화하고 성장하면 됩니다. 우리 모두 매일매일 조금씩 더 나은 사람이 될 수 있다고 믿습니다.

그리고 어느 봄 날, 활짝 피어날 당신들의 꽃을 보고 싶습니다.

Chapter 1 **아들의 방황**

Chapter 2 **엄마의 반성**

Chapter 3 **엄마의 독립**

· Chapter 1 ·

아들의 방황

우리는 구세대, 아이들은 Z세대!
너희는 도대체 누구니?

• 디지털 환경에 무방비로 노출된 아이들 구출하기 •

아이들이 중학교에 진학한 후, 매일 아침 아이들과 말씨름을 했었다.

"교복 재킷은 안 입고 가니?"

"안 입어도 돼요."

"선생님이 재킷은 안 입어도 된대요."

"정말? 엄마가 지금 선생님한테 전화해 본다!"

당시에는 아이들이 학교의 규칙을 절대적으로 지켜야 한다고 생각했던 나는 정말로 선생님께 전화를 했다.

"안녕하세요, 선생님! ○○이 엄마인데요. 학교에 재킷을 안 입고 등교해도 되나요?"
"아니요. 어머님, 재킷까지 입고 등교해야 합니다."

전화를 끊자마자 나는 아들에게 강하게 쏘아붙였다.

"선생님께서 재킷도 입고 등교 하라는 말 너도 들었지? 엄마는 학교에서 교복을 입고 다니라면, 그냥 순종적으로 항상 입고 다녔는데, 너희는 왜? 도대체 규칙인데도 교복을 안 입겠다는 거니?"

그 후로 2~3년의 세월이 흐르고, 여러 가지 일들을 겪은 후에 지금 다시 생각해보면, 그때의 나는 구세대 그 자체였던 것 같다. 시키면 시키는 대로 하라니. 지금의 나라면 상상도 할 수 없는 말들이 되었다. 사람은 누구나 자유의지가 있고, 스스로 선택을 하고, 책임을 질 수도 있어야 하는 존재가 아닌가? 아이들이 사춘기를 맞이하고, 조금은 유별나게, 아니 조금 많이 유별나게 이 시기를 겪기 시작하면서, 나는 해답을 찾고 싶었다. 뜻대로 흘러온 순탄한 결혼 생활은 아니었지만, 아이들이 무난하고 평범하게 잘 자랄 거라 생각했던 나의 기대가 무너지는 순간, 내 존재 자체도 흔들리기 시작했다. 가족만 생각하고 열심히 달려온 나의 삶이 억울하기도 하고, 내 존재가 없어지는 것만 같은 극심한 허무감이 찾아오기 시작했다.

현재 우리의 청소년들은 기술로 인한 생활환경의 변화가 극심한 시기에 태어났고, 준비되지 않은 디지털 환경에 무방비로 노출이 된 채 사춘기를 맞이하여, 아이들과 부모들도 혼란스럽고 힘든 시기를 겪는 경우가 많은 것 같다. 이러한 디지털 환경에 청소년기를 맞이한 우리의 아이들을 흔히 'Z세대'라고 한다. 이렇게 급변하는 4차 산업혁명기의 부모로 살아가는 일은 결코 만만한 일이 아닌 것 같다. 아이들은 기성세대가 만들어 놓은 규칙과 기준을 강력하게 거부하면서 디지털로 연결된 상상할 수 없이 넓은 세상을 항해하기 시작했다. 그럼 우리 부모, 교육자, 지도자 등 기성세대는 이런 'Z세대'인 우리 아이들을 행복하고 지구상에서 지속가능한 존재로 성장하게 하기 위해서 어떻게 변화해야 할까? 우린 모두 누군가의 자녀이거나 누군가의 부모가 될 수도 있다. 자녀도 부모도 모두 행복한 세상이어야, 건강하고 밝고 행복함이 지속 가능한 세상일 것이라 믿는다. 1980년대 중반부터 2000년 사이에 태어난 세대를 밀레니엄 세대(Millennial Generation)라 한다. 그 밀레니엄 세대를 뒤이어 디지털 환경에서 태어나고 자란 '디지털 원주민(Digital Native)'인 현재의 젊은 세대를 'Z세대'라 한다. 'Z세대'는 대략 1990년대 중반에서 2000년대 중반까지 출생한 세대이다. 2003년, 2004년에 태어나 나의 두 아이들은 모두 'Z세대'이다.

10대 청소년기는 뇌의 성장과정 중 감정의 조절이 가장 어려운 시기이다. '펜실베니아 대학' 의과대학 신경학과 교수인 '프랜시스 젠슨'은 '10대의 뇌'는 아주 다르고, 뇌의 발달기에 있어서 대단히 중요한 시기임을 강조하고 있다. 그녀는 실질적인 사례를 통하여 청소년들이 아직 뇌가 미성숙하기 때문에 벌어진 잘못한 일에 대해 부모나 어른들이 어떤 태도를 취해야 할 지에 대해 제시해주고 있다.

오늘날 디지털 원주민인 우리의 10대들은 기술에 관해 아주 뛰어난 사용자인 동시에 그 해로움에 가장 위약한 존재라고 말한다. 청소년기는 인생의 어느 시기보다도 감정에 쉽게 지배당하는 시기로, 10대에는 보통 아주 신이 나 있거나, 아주 우울해 한다. 그 중간 상태는 거의 드물다고 한다. 우리도 자녀의 청소년기에 그러한 일들을 경험하게 된다. 10대들은 이성적으로 판단하는 뇌의 기능이 아직 완성 전이라, 감정을 조절하고 평정심을 제공하는 역할은 어른들이 담당해야 한다. 어른들이 감정을 먼저 앞세우면 안 된다는 것이다. '화내는 부모가 아이를 망칠 수 있다.'라는 얘기가 전적으로 맞다는 것을 나도 경험을 통해서 온몸으로 체감했다.

우리는 어른으로서 모든 아이들이 건강하게 자라는데 도움을 주어야 할 책임이 있다. 특히 10대의 아이들의 잘못에 대해서 벌을 받아야 한다는 태도가 아니라, 그 아이들이 균형 잡히고, 원만하고, 사회적으로 고립되지 않은 상태로 머물 수 있게 돕는다는 태도로 접근해야 한다. 나도 아들의 격렬한 사춘기를 경험하면서 그러한 결론을 얻었다. 아이들은 몸도 마음도 아직 성장 중이기 때문에 어른인 우리들은 그 아이들을 건강하고 행복한 한 개인으로, 건강한 사회의 구성원으로 성장할 수 있도록 도움을 주어야 하는 존재들이라는 사실을 우리 모두가 잊지 않기를 바란다.

특히 디지털 시대의 Z세대는 수많은 정보와 강한 자극에 노출이 되어 있고, 아주 넓은 범위의 네트워크를 형성하고 있다. 감당

아들아 방황해서 고마워

하기엔 너무나도 많은 자극들과 환경에 청소년들이 노출이 되고 있는 것이다. 그 모든 것이 기성세대인 어른들이 구축해 놓은 환경이 아니던가? 우리는 우리가 만들어 놓은 이 환경에서 아이들이 건강하게 성장할 수 있는 방법을 다 함께 고민해야할 의무가 있는 것이다.

급격한 기술의 발달로 준비 없이 도래한 디지털 시대에 학부모도, 학생도, 학교도 몸살을 앓고 있습니다. 컨텐츠 사용에 관한 학생 교육도 중요하지만, 현재 실시하는 교육들은 너무나 형식적인 데다. 강력하게 청소년들의 관심을 끄는 자극적인 컨텐츠들에 청소년들은 무방비로 노출이 되어 있습니다. 온라인 컨텐츠에 관한 청소년 사용범위 제한과 SNS 사용의 연령제한 및 가입 실명제 전환이 시급하다고 생각됩니다. 학부모로서, 우리 사회의 기성세대로서, 우리가 미리 대비하지 못한 이 디지털 기술의 잘못된 환경으로 아이들이 건강하게 자라지 못하는 점이 너무 가슴 아픕니다.

– 전국 교육연합네트워크에 올린 글

아들의 방황을 보면서 나는 '어떻게 하면 이러한 환경에서 아이들이 좀 더 안전하게 자랄 수 있을까?'에 대해 고민하고, 행동하겠다고 결심했다. 교육부 팬 밴드에 가입도 하고, 학교생활 갈등 회복을 다루는 '전국 교육연합네트워크 밴드'에 들어가서 나의 의견을 피력하기도 하였다. 아이들은 우리의 미래이다. 아직 미성숙한 청소년들에게 무분별한 페이스북 사용만으로도 무서운 네트워크가 형성이 되고 있고, 그 네트워크를 통해 돌출행위와 범법행위들에 아이들이 노출이 되는 속도와 범위가 상상할 수 없을 만큼 커지기도 한다. '페이스북', '인스타그램', '유튜브', '트위터' 등 각종 인터넷 플랫폼들이 우리에게 편리하고 확장된 세계를 열어주고 있긴 하지만, 어린이 및 청소년 사용 환경과 정보의 노출 범위에 대한 고민을 지속적으로 해 나가야할 것이다.

디지털 환경은 'Z세대'인 10대들의 미성숙한 뇌와 만나 그들이 방황할 가능성과 범위를 인류 역사상 가장 극대화시키고 있다. 스마트폰으로 접하는 온라인 세계는 아이들에게는 엄청난 재미와 유혹을 제공한다. 각 가정마다 부모들이 자녀의 스마트폰 사용에 관한 규칙을 만들어 사용을 조절해 보려고 애를 쓰지만, 그 강력한 스마트폰의 세계는 아이들의 절제력을 흔들어 놓기 충분하다. 어른들의 생활도 이미 스마트폰이라는 도구가 점령을 하였으니 말이다. 아직도 논란의 여지가 무척이나 많지만, 이제는 청소년의 스마트폰 사용을 제약하는 것만이 방법은 아닌 것 같다는 생각에 많은 부모들이 동의를 한다. 이미 자아가 커버리고, 자신들만의 네트워크가 형성된 아이들은 부모가 못하게 막더라도, 다른 방법을 동원해서라도 본인들이 원하는 것을 충분히 얻을 수 있으니 말이다. 그렇다면 그러한 혼란 속에 빠진 우리의 아이들을 어떻게 도와야 할까? 구체적인 방안은 앞으로 사회적으로 논의가 되고 정착이 되어가겠지만, 아이들이 디지털 기기를 건강하게 잘 사용할 수 있도록 이끌어가는 것이 우리의 궁극적인 목표가 되어야 할 것이라 생각한다.

너무나 급속하게 변화하는 세상 속에서 우리 어른들도 혼란스럽기는 마찬가지이지만, 혼란스러워 하거나 힘들어 하지만 말고 빠르게 디지털 시대의 변화와 그 혼란 속에서 빠져나와 아이들을 도울 수 있는 방법을 찾아야 할 것이다.

아들의 방황의 시작

• 자아를 찾으려는 아이에게 호통 말고 소통하기 •

아들이 중학교 2학년이 되던 해 4월이었다. 퇴근을 하는데 아들에게서 전화가 걸려왔다.

"엄마, 친구가 파자마 파티를 하자는데, 허락해 주세요."

"그럼, 친구네 부모님 연락처 좀 알려줘. 부모님들과 연락이 되지 않으면 허락할 수 없어."

"알았어요!"

그 날 아들은 친구 부모님 연락처를 알려주지도 않았고, 우리의 연락을 받지도 않은 채 무단 외박을 했다. 그것이 아들의 방황의 시작이었다. 초등학교 다니면서도 내가 일하는 엄마이기에 아들은 친구들과 파자마 파티를 하거나, 다른 부모들에게 초대받거나 하는 일은 드물었다. 지금 되돌아보면 처음 접하는 친구들의 바깥 놀이가 무척이나 재미있어 보였나 보다. 아들은 그 후로 서서히 여러 가지 놀이를 섭렵하고, 사고를 치기도 하면서 겨우 중학교를 졸업하게 되었다.

사실, 아들이 방황을 시작하기 전에 난 원칙을 중시하던 꽉 막힌 엄마였었다. 인생을 진실하고 성실하게 사는 것이 가장 중요하다고 생각하며, 아이들에게 정직할 것과 규칙을 어기지 말 것과 열심히 살 것만을 강조하던 빡빡한 엄마였다. 규칙을 중요시하던 그 센스 없는 엄마는 게다가 아이들을 무심하게 키워야 아이들이 스스로 할 수 있는 일이 많아지고, 강인해 진다는 생각까지 했었다. 다시 생각하니 정말 시대와는 동떨어지고, 무심하고, 무식하기까지 한 엄마였다. 그렇게 아이들에게 규칙과 성실함만을 내세우며 친구가 되어주지 못하고, 진정한 소통을 할 줄 모르던 엄마는, 아이들이 방황을 하고, 자아를 찾기 위해 외치기 시작 하고서야, 아이들과도 소통을 해보려 노력학기 시작했다. 그렇게 부족한 엄마는(그래도 나쁜 엄마라고 말하고 싶진 않다. 적어도 아이들에 대한 사랑은 진심이었다.) 하나씩 되돌아보기 시작했다. 아이들의 입장에서….

이 글을 쓸 때만 해도 난, 남편의 방황과 무책임함, 아이들의 방황, 경제적인 어려움들로 인해 모든 것이 힘겹게만 느껴지고, 이 세상에서 내가 가장 운이 나쁜 여자인 것만 같았고, 나 자신에 대한 측은함으로 하루하루가 견디기 힘들 정도로 슬펐었다.

우리는 모두 실수를 할 수 있는 인간이다. 남편과 나도, 그리고 우리 아이들도 한 때의 잘못된 판단과 행동으로 후회가 되는 순간들을 만들 수 있다. 그러나 자신을 돌아보고, 그 실수들로부터 더 귀중한 것을 배운다면, 그것은 인생에서 더 큰 교훈이 될 수 있다. 실수로부터 배울 줄 아는 사람들은 충분히 변화할 수 있고, 더 나은 삶을 살아갈 수 있다고 굳게 믿는다.

'Happy ending for me.'

남편은 아이들이 어릴 때, 일과 술 때문에 집에 못 들어오는 시간이 많았고, 수입은 늘 불규칙 했고, 종국에 가서는 기본적인 생활조차 힘들

아들아 방황해서 고마워

어져서 가족들을 위해 내가 일을 하지 않을 수 없었다. 연년생의 아이들을 기르면서 일하는 것이 좀처럼 쉽지는 않았지만, 어려움을 이겨내고, 남편과 함께 노력하면 좀 더 나은 미래가 있을 것이라는 희망이 있었기에 힘들지만 행복했던 시절이었다. 아이들을 기르는데 있어 부모는 사회적인 책임이 있다고 생각하였기에, 결혼 생활 동안 가장 중요한 일은 아이들의 양육이라고 생각했었다. 그래서 난 남편은 경제적인 부분을 주로 책임지고, 난 아이들에게 집중하고 싶었다.

공부를 많이 시키거나, 능력이 뛰어난 아이들로 키우겠다는 목표를 가져 본 적은 없었다. 아이들과 많은 것을 함께하고, 다양한 경험을 해주는 그런 부모가 되고 싶었다. 계획대로 되지 않는 것이 인생인 줄은 알았지만, 정말 결혼 생활은 내가 생각하는 것과는 많이 달랐다. 밤샘 작업에 익숙했던 남편은 어느 순간 밤 문화를 많이 즐기게 되었고, 우리의 가정 형편은 점점 나빠져만 갔다. 난 남편 대신 가장으로서 생계를 유지해야 했고, 깨어진 신뢰와 상처에서 나를 치유할 새도 없이 먹고 살기 위해 바쁜 나날들을 보내게 되었다. 아이들을 봐 줄 사람도 없어서 늘 내가 아이들을 돌보면서 일을 했고, 바쁜 방학이 되면 마음을 졸이면서 아이들을 돌보며 일을 해왔었다.

아이들이 사춘기를 맞이하자 그 동안 부족했던 부분 때문에 문제와 어려움이 이곳저곳에서 튀어나왔다. 몸이 아파 병원에 입원을 하는 상황에서도 모든 책임이 고스란히 내 몫으로 돌아왔다. 나는 19년을 그렇게 살아왔다. 너무나 마음이 아프고 원망스러웠다. 지금도 그때의 원망을 완전히 지울 수는 없다. 그래도 아이들에게 더 이상 상처를 주고 싶지 않아서, 더 이상 누군가를 원망하는 일을 그만두려 한다.

이제 상처를 털어버리고 현재의 내가 어떻게 이 어려움을 해결해 나가느냐에 따라, 앞으로 남은 나의 인생이 'happy ending'이 될 수도 있고, 'sad ending'이 될 수도 있다. 그렇기에 난 현재에 집중하려 한다. 그리고 지금 나의 소중한 아들은 방황하고 있다. 방황하는 아들에게 다른 것은 못 해주어도, 앞으로 몸도 마음도 건강한 사회 구성원으로 살아갈 수 있도록, 건강하게 성장할 수 있도록, 든든하게 믿어주고, 안정감을 주는 부모가 되어주도록 노력할 것이다.

– 2018년 늦가을

아들아 방황해서 고마워

03

아들의 방황은,
누구의 잘못이었을까?

• 아이들이 방황하는 모든 이유 찾아보기 •

'애들이 방황하는 건 다 부모 잘못이야!'

이런 소릴 들을 때마다 뜨끔하고, 자존감이 팍팍 떨어진다. 아이들의 '사춘기의 뇌'와 '호르몬의 영향'이 아이들의 감정을 고조시키긴 하지만, 감정적으로 편안하고 기쁘고 안정적인 환경에선 아이들의 뇌의 변화도 극단적으로 가진 않는 게 사실이니까. 그렇다고 해도 가끔은 아들의 방황이 꿈만 같고 이해가 가지 않는 것이 사실이다. 그래도 부모는 시간이 흐를수록 생각은 자꾸 바뀌어 가고, 아이의 방황이 내게 시련을 줄 때 마다 나는 조금씩 더 단단해져 간다. 뜨겁게 사춘기를 보낸 아이들의 부모들은 모두 나와 마찬가지 일거라 생각한다. 아이의 방황으로 가슴앓이를 하지만 조금씩 그것을 감당하며 삶을 살아낼 수 있는 좀 더 단단한 마음을 가지게 된다. 자연스럽게 아이와 엄마가 분리되고 있는 과정이라는 것을 깨닫는다. 그리고 부모가 해야 하는 역할을 나름대로 찾아가기도 하고, 가끔은 그 부모의 역할을 포기하는 부모가 되기도 한다.

그럼, 아들의 방황은 누구의 잘못이었을까? 물론 부모의 책임이 있는 게 명백한 사실이다. 그건 모든 부모가 솔직하게 인정해야 하는 부분이다. 하지만 백퍼센트 부모의 잘못은 아니라고 생각한다. 부모로서 아이에게 편안하고 안정된 환경을 마련해 주지 못한 것에 대한 반성에서 시작해, 아이가 혼란스런 사춘기의 방황을 하는 동안 '도대체 왜일까?' 의문을 가지고 계속 고민했다. 그리고 아이가 방황을 하고, 실수를 하고, 사고를 칠 때 마다, 원인과 해결책을 찾아 나섰다. 3년의 시간 동안 수많은 문제에 부딪히고, 수백 번 고민하고, 상황에 따라 나름대로 대처해 나가면서 원인은 한 가지가 아니라는 생각을 하게 되었다.

뇌의 가지치기가 맹렬하게 일어나고, 폭발적인 호르몬의 변화가 일어나는 사춘기의 우리 아이들에게 디지털 기기와 정보의 무분별한 홍수의 시대인 오늘날은 그 어느 때 보다도 위험한 시기가 되었다. 이전 100년 가까이 부모들이 겪어보지 못한 디지털 환경에 아이들이 노출이 되면서 아이들의 뇌는 완전히 성숙하기 전에 보호받지 못하고 망가지기 시작했다. 그리고 부모들은 전례가 없는 이 환경 속에서 해결책을 찾기에 역부족을 느꼈을 것이다. 그리고 중고등 학교의 환경도, 교사와 학생, 학생과 학생 사이에 인간다운 소통의 장이 될 수 없는 입시를 위한 전쟁터가 되어 있는 것도, 아이들이 살아있는 생각을 하고 소통을 하는 것을 방해한다. 예전에는 오늘날처럼 방황을 하는 친구들이 적었었고, 교사는 방황하는 아이들과 소통을 하고, 끝까지 대화를 포기하지 않았었다. 그러나 요즘은 교사들에게도 학교라는 곳은 그럴 틈이 없는 전쟁터가 되었다. 소통을 통한 아이들의 긍정적인 변화보다는 문제를 손쉽게 해결하기 위한 처벌 위주의 학교 체계 또한 그 어려움을 보태고 있다.

처음엔 부모로서 역할을 제대로 못한 나 자신에 대한 후회와 자책만 했다. 그리고 아이들에게 따뜻한 품이 되지 못하는 학교와 이웃들의 시선에 원망스럽기도 했다. 하지만 시간이 지나면서 아이들의 방황은 어느 특정한 사람의 잘못이 아니라는 생각을 하게 되었다. 경쟁이 만연한 입시 위주의 환경에서 자라는 아이들과 양육자들, 그리고 교사들 모두 많은 어려움이 있다. 아이들이 좀 더 편안한 마음으로 안전하고 행복한 배움의 환경 속에 성장하기 위해서는 사회 전체가 바뀌어야 한다. 더불어 우리들의 교육에 대한 의식과 생각이 바뀌어야 한다는 생각을 해본다. 그리고 교육 환경의 변화를 위해 작은 힘이나마 보탤 수 있는 어른이 되어야겠다고 다짐해 본다. 지금까지 아이들의 방황은 특정한 그 누구의 잘못이 아니지만 앞으로가 중요하다. 우리 어른들이 아이들이 편하게 숨 쉴 수 있고, 사회의 구성원으로서 온전한 인격체로 성장할 수 있도록, 더 나은 환경을 만들어 나가야 한다. 그리고 아이들은 모두 변화하여 잘 성장할 수 있다는 '믿음'을 저버려선 안 된다. 끝까지 포기하지 않고, 아이들에게 관심과 사랑을 가지고 따뜻한 언어로 그들이 잘 자라날 수 있고 행복하게 살아갈 수 있다는 희망을 주어야 한다. 내 아이만 경쟁에서 이겨 살아남길 바라는 이기적인 육아에서 벗어나, 모든 아이들이 안전하고 행복하게 성장할 수 있도록 기성세대인 우리의 의식과 생각의 변화가 절실한 시대임을 모두가 인식하고 있어야 한다.

04

인류 역사상 청소년에게
가장 위험한 시대

• 비판에 취약한 아이를 위한 자존감 높여주기 •

사랑하는 나의 아들아! 부디 오늘 밤도 편히 자고, 내일도 행복하고, 건강한 하루를 보내길 바란다. 요즈음에 너의 몸이 급격히 성장하고, 호르몬 변화가 생기면서, 머릿속이 혼란스러움으로 가득한 것은 그 시기에 당연히 올 수 있는 자연스러운 현상이고, 친구들과의 관계와 놀이가 네게 가장 중요한 것도 너무도 당연한 현상이란다. 하지만 정말 중요한 것은 너 자신이 어른이 되어가면서 옳고 그름을 구분할 줄 알고, 친구들이나 주변 사람들과 건강하고 바른 관계를 만들어가고, 함께 성장해 나가는 것이란다. 순간적인 재미와 편안함을 위해 너의 인생을 힘들고 어렵게 만들지 않길 바래. 세상에서 가장 소중한 나의 아들아! 지금의 방황조차도 모두 인정하고 말없이 기다릴게. 너무 많이 돌아가지 말고, 옳은 길로 돌아오기를 엄마는 매일 기도할게. 사랑해!

- 2018. 9. 25. 수요일 아들에게 보낸 메시지

미국에 있는 지인들의 얘기로는 미국 청소년들의 마약 문제가 심각하다고 한다. 우리나라는 비교적 마약으로부터는 안전하다고 생각했는데, 최근에 유학 갔다 온 친구들을 통해서 서울 지역에서도 마약의 문제가 대두되고 있다고 들었다. 인터넷 통신망의 발달로 인류 역사상 가장 빠르게 정보를 주고받을 수 있는 편리한 세상이 되었지만, 동전의 뒷면처럼 그 편리함 뒤에 함께 따라오는 부작용들이 있다. 그 중 가장 심각한 문제가 앞에서 언급했던 청소년의 SNS 사용과 그로 인해 발생하는 위험한 네트워크(연락망)라 생각한다.

우리가 어릴 적엔 방과 후에 친구를 만나려면 집 전화기로 연락을 하거나, 그나마도 연락이 안 되면 집으로 직접 찾아가서 '친구야 놀자!'라고 외쳐야만 했다. 친구 관계도 학교 친구 외에는 학교 대항으로 운동을 하면서 몇 번 만나는 다른 학교 친구들, 그리고 교회를 다니는 교회 친구 정도가 전부였다. 요즘은 네트워크로 인

아들아 방황해서 고마워

해 전국적으로, 세계적으로 연결이 되어있고, 한 시도 내에서는 직접 만나는 친구들의 범위가 엄청나게 넓어졌다. 게다가 온라인상에서 무분별하게 돌아다니는 정보들로 인해 아이들은 어른 놀이에 빠지기도 쉬워졌다.

사실 아이들이 세상에 호기심을 가지고 많은 사람을 만나는 것이 나쁜 것은 아니다. 이렇게 세상에 호기심을 갖는 아이들은 어찌보면 앞으로 많은 경험을 하고, 넓은 세상을 보고, 많은 생각을 할 수 있는 아이들일지 모른다. 그러나 아이들이 보는 세상이 너무나 위험한 유혹들이 많이 펼쳐져 있다는 것이 문제이다.

아들은 중학교를 졸업하기 전에 중학교에서 겪을 수 있는 처벌들은 종류대로 다 받았던 것 같다. 사실 난 처음 겪는 학교 제도 내의 처벌들에 대해 많이 놀라고 혼란스러웠다. 아이들의 교복 미착용과 흡연에 대한 처벌들은 마치 학생과 그 부모를 범죄자와 그 부모를 다루는 듯했고, 그 모든 것의 집행자는 선생님들과 학부모 위원들이었고, 한 번 낙인찍힌 아이는 구제불능으로 돌아올 수없는 범죄자 취급을 받았다. 그런 분위기에 휩쓸려 아이는 자신을 포기해 버린다. 가망이 없다고. 청소년의 비정상적인 행위가 단지 가정교육이 잘못되거나 아이가 타고나게 나쁜 아이여서는 아니다. 여러 가지 외부요인들도 복합적으로 작용하는 것을 감안하면, '청소년의 탈선에 관해 처벌만이 옳은가?'하는 의문이 드는 것이 사실이다. 아이들은 변화할 수 있는데, 학교에 아이들이 변화할 수 있는 기회와 의사소통 과정은 없다. 가해자 피해자로 나누어 피해자의 고소나 고발로 난처해지는 일이 없도록 초기에 문제를 차단해 버리는데 급급하다.

아이들이 교우 관계에 문제가 생겨도 스스로 해결할 수 있는 기회가 차단되고, 조기진압을 위한 억지스러운 어른들의 개입이 생기는 곳이 비단 학교만은 아닐 것이다. 물론 아이들이 실제로 지나친 폭력을 행사하는 경우엔 어른들의 개입이 필요하다. 그런데 그 지나친 폭력의 정도가 모호하기에 대부분의 아이들은 그렇지 않은데 거꾸로 과잉진압을 당한다. 아이들에게도 스스로 생각하고 해결할 기회를 주면 좋겠다. 자연스런 관계 맺음을 배울 수 있도록. 처벌만이 존재하는 학교 현장. 그래서 차라리 학교를 벗어나는 것이 오히려 아이가 스스로에 대한 긍정적인 생각을 하는데 도움이 된다는 생각까지 부모들은 하게 된다.

카네기는 그의 저서 '인간관계론'의 서두에서 '비난은 아무런 쓸모가 없다.'라고 말하고 있다. 사실 '비난'은 상대방을 위해 좋은 의도로 했다고 해도 그 결과는 항상 좋지 않다. 오히려 사람들을 더 방어적으로 만들 뿐이고, 상대가 거짓으로라도 스스로를 정당화 하도록 만들기 때문이다. 어떤 이유에서도 '비난'은 굉장히 위험한 행동이 될 것이다. 누군가에게 '비난'을 받은 사람들은 쉽게 자존감에 상처를 입고, '비난'을 한 상대에게 강한 적개심을 가질 수 있기 때문이다.

카네기의 이런 주장은 청소년이 성장하는 동안 무조건적인 비난과 비판은 뇌의 성장이 진행 중인 그들에게는 더욱 강한 반항심을 증폭시킨다는 사실을 뒷받침할 수 있으리라 생각한다. 사실 청소년뿐 만 아니라 인간은 누구나 자신에 대한 비판에는 상대적으로 취약하다. 특히나 아직 미성숙한 뇌의 발달로 옳은 판단이 어렵고, 감정 조절이 힘든 청소년기의 아이들은 더더군다나 비판에 취약하여 쉽게 반항을 하고, 어디론가 튕겨나갈 수밖에 없다.

부모, 교사, 주변 어른들 모두가 그들이 현재의 환경에 가장 취약한 청소년기라는 점을 감안한다면, 판단과 비판 대신 좀 더 아이들을 도울 수 있는 방향으로 노력을 해야 하지 않을까 하는 생각이 든다. 아니, 그 모든 것을 감안하지 않는다 하더라도, 어린이에서 어른으로 성장해 가는 과정에 있는 청소년들을 우리와 같은 인격체로써 바라보고 존중하고, 진지하게 진심으로 소통하고, 책임을 가르치고, 조언을 하는 과정들을 거쳐야 할 것이라 생각한다.

05

폭풍의 눈 속으로

• 방황하는 아이에게 일상과 행복 찾아주기 •

전 홍덕 고등학교 교장선생님 이셨던 '이범희' 교장선생님이 그의 책이나 유튜브 영상에서 표현했던 '지금은 꽃이 아니어도 좋다.'라는 교육 철학이 정말 인상적이었고, 학부모로서 진심으로 감사드리고 싶다. 그는 매일 아침 교문 앞에서 등교하는 아이들을 맞이하며 이름을 불러주는 교장선생님이었다. 아이들은 그에게 '교문 앞 스토커'라는 별명까지 붙여주었다. 그런 그를 남들은 무모하다고 말하지만, 그는 언젠가는 피어날 아이들을 위해 바람도 불어주고, 햇빛도 비춰주고, 물도 주어야 한다고 말한다. 아이들이 그러한 과정을 거치면서 꽃봉오리를 피울 수 있도록 어른들이 도움을 주면서 기다려야 한다는 선생님의 말씀이 정말 공감이 되었다. 선생님들에 대한 또 다른 한 관점을 가질 수 있게 하였고, 나의 생각이 변화할 수 있도록 도움을 주는 말씀도 들을 수 있었다. 학교라는 체계 안에서 상처를 받는 것은 학생뿐 만이 아니라는 것. 복잡해지고 변화가 심한 현실에서 교사라는 직업이 정말 힘들고 지치는 직업일 수 있다는 것. 5년 전만해도 선생님들의 학교에서의 위상이 지금과 같지 않았다고 아들의 담임선생님으로부터 들을 수 있었다. 학생 인권조례, 학교폭력위원회, 상급학교 진학을 위해 무한경쟁으로 달리는 아이들, 그 속에서 일찌감치 공부에 대한 상실감으로 방황하는 아이들. 학교에는 아이들에게 괴로운 요소들이 많다. 그런데 그것은 곧 선생님들에게도 괴로운 요소가 된다. 학교라는 곳이 아이들에게도 선생님에게도 모두 행복한 곳이 될 수 있다면 얼마나 좋을까? 당연해야 할 것이 정말 불가능한 것일까?

아들이 학교라는 배움터에서 쉽게 마음을 못 붙이고 방황을 시작했을 때, 나는 학교와 학교 선생님들을 원망했었다. 그러나 이제는 학교라는 곳에서 아이들과 선생님이 힘들어 한다면, 그 학교의 체계에 중요한 변화가 필요하다는 생각을 해 본다. 학교가 사람으로서 갖추어야 할 것으로 기대되는 자질이나 덕목을 말하는 '인간다움'을 추구하는 올바른 체계를 가진다면, 아이들도 선생님들도 자신의 자리에서 당당히 아름다운 꽃을 피워 나갈 수 있으리란 생각을 해 본다. 그리고 그 바람직한 학교의 변화에 많은 사람들의 마음이 기필코 더해져야 할 것이라는 생각이 든다.

'밤의 선생'으로 우리에게도 유명한 일본의 '미즈타니 오사무'의 『애들아! 너희가 나쁜 게 아니야.』라는 책을 읽는 내내 눈물을 멈출 수가 없었다. 사회 전체가 아이들을 아끼고 사랑하며 정성껏 돌본다면 아이들은 반드시 아름다운 꽃을 피우며, 만약 꽃피우지 못하고 시들어버린다면 그것은 분명 어른들의 잘못이라는 분명한 미즈타니 선생님의 메시지를 우리 모두가 공감할 수 있었으면 좋겠다. 특히 모든 학교 선생님들께서도 아무리 방황하고, 반항하고, 사고치는 아이들이라도 아이들은 모두 '아름다운 꽃을 피우는 씨앗'이라고 생각해 주시길 간곡히 부탁한다.

인간은 자신의 의지와는 상관없이 태어난다. 어떤 아이는 안정되고 행복한 가정에서 태어나고, 어떤 아이는 불안정하고 감당할 수 없을 만큼 불행한 가정에서 태어난다. 가난하고, 불안정하고, 불행한 가정에서 태어난 아이들도 행복할 권리가 있다. 이미 행복한 가정에서 태어난 아이들과 가난하고 불행한 가정에서 태어난 아이들 모두 성장해서 행복하게 살아갈 수 있도록 우리 어른들은 모든 아이들에게 정성과 사랑을 쏟아야 한다. 세상에 모든 아이들에게 어릴 때부터 따뜻한 시선과 말로 아껴주고, 진심을 담아 소통한다면, 우리 사회에 더 많은 아이들이 마음이 따뜻한 아이로 자라나고, 세상은 더욱 따뜻한 곳이 되어갈 것이라는 믿음이 내 아들이 방황하는 순간부터 지금까지 강하게 나를 사로잡았다. 그리고 2~3년이 지난 지금은, 아들과 아들의 친구들을 통해 다시 바라본 '아이들의 세상'에서 난 느꼈다.

'세상의 모든 아이는 우리의 아이들입니다!'

우리 모두의 아이들이 함께 행복하게 살아갈 수 있는 건강하고 밝은 사회가 될 것이라는 믿음이 있었다. 아들이 방황하기 전부터 많은 아이들을 가르쳐오면서 이 마음을 가지고 있었지만, 아들의 방황 후에 모든 아이들을 소중히 여기겠다는 마음이 더욱 확고해졌다. 아이가 자라면서 실수를 하고, 잘못을 하게 되면, 비난하지 않고 그 아이가 더 나은 방향으로 갈 수 있도록 가이드 해주는 어른들을 만나기가 쉽지 않다. 학교도, 부모도, 사회도 모두 서로 책임을 떠넘기며, 겉으로 두드러지는 문제만 일어나지 않을 방향으로 가고 있는 것을 목격한다. 아이가 직면한 문제가 무엇인지 따뜻하게 들어주고 안아줄 곳이 없다. 나도 그런 어른이어서, 그런 부모여서 반성한다. '세상에 모든 아이는 우리의 아이들입니다!' 라는 너무나도 당연한 사실을 이기적이었던 나는 이제야 온전히 깨달았다. 여러 가지 다양한 이유로 몸이 아픈 아이들도, 마음이 아픈 아이들도 모두 '우리'의 아이들이다. 다른 모든 분들은 과거의 나처럼 하나씩 잃고 나서 느끼지 말고, 이 사실을 미리 알았으면 한다.

'폭풍의 눈'은 두꺼운 구름으로 둘러싸인 태풍, 허리케인, 사이클론 등 열대저기압의 중심부에 나타나는 맑게 갠 '무풍지대'를 말한다. 따라서 '무풍지대'는 태풍으로부터의 피해를 가장 줄일 수 있는 공간이라고 할 수 있다. 내가 아들의 방황이라는 '폭풍의 눈' 속으로 들어간다는 것은 두 가지 의미가 있다. 하나는 부모가 원하는 방향이 아니라, 아들의 현재의 상태와 진정으로 아들이 원하는 것을 이해하고자 하는 노력의 의미이다. 그리고 다른 하나는 견딜수 없이 몰아치는 방황의 폭풍 속에서도 부모로서 고요한 마음을 유지하겠다는 다짐의 의미이다.

방황하는 아들에게 일상과 행복을 찾아주고 싶었다. 지금까지는 힘들었지만, 앞으로 자신의 인생을 제대로 찾아갈 수 있도록 든든한 마음의 버팀목이 되어주고 싶었다. 그래서 '폭풍의 눈' 속으로 들어가기로 결심했다. 나는 현재 '폭풍의 눈' 속으로 들어와서 아들과 제법 안정적이고, 고요하고 편안한 관계를 유지하고 있다. '그럼, 아들의 폭풍 같은 방황은 끝났을까?' 아직은 아니다. 아직 꽤 긴 시간을 이 '폭풍의 눈' 속에서 기다려야 할 듯하다. 고요하고 자연스럽게 아들의 폭풍의 핵이 저절로 소멸될 때까지! 여러 분도 폭풍으로부터 달아나지 말고, 그 중심으로 담대하게 들어가서 고요하고 자연스럽게 기다릴 수 있기를 바래본다.

두려워하지 말고 담대하게 나의 사랑하는 아이를 대하도록 하자. 아이에게 폭풍과 같은 사춘기가 오고, 상상을 할 수 없는 일탈과 돌출 행위를 하는 아이를 보면서, 엄마도 갈피를 잡기가 힘들다. 단호하고 강하게 아이를 대하면, 튕겨 나가는 아이를 보고 상담사들은 아이가 돌아올 때까지 기다려 주면서, 부드럽게 아이를 대하라고 한다. 아이의 마음을 이해하고, 부드럽게 대하려 노력도 해보고, 기다려 주라고 해서 기다려 주니, 아이의 행동은 경계선을 넘어가고, 부모는 완전히 혼돈 속에 갇혀버린다. 그런데 정답은 없

아들아 방황해서 고마워

다. 이렇게 해도, 저렇게 해도 아이는 본인이 갈 만큼 간 후에 멈춘 다는 것을 이제 서야 깨닫는다. 그럼에도 불구하고 잘못된 것에 대한 책임과 다른 사람들과의 올바른 관계맺음을 위해 필요한 것들을 지속적으로 주지시켜주어야 한다. 반사적으로 회피하고 자기 합리화시키는 아들에게 부드럽고, 담대하고, 단호하게 얘기해 주는 부모들의 특별한 진심과 기술이 필요할 것이다.

부모와 자식이 수직적인 관계에 가까웠던 우리 세대와 달리 부모와 자식의 관계가 수평적 관계로 변화하고 있는 우리 자녀들의 세대에서 우리는 부모로서 역할을 해 나가는 새로운 방법들을 모색해 나가야 하겠다. 여러 과정을 폭풍처럼 겪은 지금, 사춘기 자녀와의 갈등은 우리가 당연히 겪어야 하는 시간이라는 생각을 하게 된다. 갈등이 없다면 오히려 문제가 있는 관계일 수도 있다. 아이들은 자신의 정체성에 대한 고민을 하고, 독립된 인간이 되고자 몸부림친다. 자녀를 자신과 한 몸처럼 사랑하고 보살피던 부모는, 자녀의 그런 몸부림이 낯설기만 하다.

처음엔 강하게 제압을 해야 할 것 같아서, 아이의 잘못에 대한 책임을 지는 벌칙을 제안하기도 하고, 그 벌칙이 소용없어지면, 강력하게 제제도 하고 매도 들어본다. 매를 들어보면 두 가지 경우가 생긴다. 하나는 아빠가 아주 무서운 집 아이들은 어른들이 보이지 않는 곳에서 몰래 하는 방법을 터득하는 경우이다. 그리고 다른 하나는 아이들이 가출을 감행하는 경우이다. 내 아들이 방황을 하다 보니, 원치 않아도 주변에 비슷한 친구들이 많이 있다. 2년 동안 우리 집에 드나든 아들의 친구, 선배, 후배들을 보면서 많은 생각을 하게 되었다. 아이들이 잘못될까 두려워하는 부모의 마음이나, 아이가 빨리 제자리로 돌아오기를 바라면서 조급하게 아이를 재촉하는 행동들은 실제로는 도움이 되지 않는다. 아이들의 어처구니없는 행동에도 모두 이유가 있었다. 아이들과 끊임없이 대화를 하고 좋은 관계를 유지하는 것이 가장 좋은 방법이다. 그런 관계를 유지하기 위해서 부모는 항상 부드럽지만 담대하고, 단호한 태도를 유지할 수 있어야 한다. 부모는 아이가 어떤 어처구니없는 행동을 해도 자신의 감정의 요동이 없이 현재의 상황에서 아이의 미래를 위한 최선의 방향을 생각할 수 있어야 한다.

나는 아들의 방황을 직면하고 처음엔 토끼처럼 놀란 엄마였다. 그 다음은 사자처럼 분노하는 엄마가 되었다. 그리고 그 다음은 천사처럼 사랑을 보여주는 엄마, 그리고 이제 사랑하는 아들을 담대

　　　　　　　　　　　　　아들아 방황해서 고마워

하게 지켜봐 주는 엄마가 되어가는 중이다. 처음부터 완벽하고 현명한 엄마였음 좋았겠지만, 인간은 누구나 부족한 면이 있기 마련이다. 이렇게 아이도 엄마도 조금씩 '폭풍의 눈'속에서 그 핵의 소멸을 서서히 기다리게 되는 것 같다.

아직 성장하고 있는 아들이기에 조심스러웠지만, 지금 아이들의 폭풍기를 겪고 있는 분들이나, 앞으로 겪을 분들과 함께 고민하고 생각할 계기가 되리라 믿으면서, 아이의 사춘기를 겪는 동안 썼던 일기 중 일부를 함께 나누고자 한다. 그리고 '사춘기를 겪는 우리 아이가 나쁜 게 아니다.'라는 사실을 우리 부모들은 알고 있어야 한다. 아이들의 방황은 명백하게 어른들의 책임이며, 어른들의 반성과 공감, 그리고 기다림과 사랑이 그들에게 중요한 해결책이될 수 있을 것이라고 믿어야 한다.

06

엄마의 일기장

• 아이 스스로 돌아올 때까지 끝까지 믿어주기 •

하나. 2018년 9월 12일 수요일

아침저녁으로 제법 쌀쌀한 바람이 분다. 뜨거운 여름을 더욱 뜨겁게 달구었던 아들의 일탈이 이제 찬바람과 함께 조금씩 식어가는 것일까? 2주째 아들은 집을 뛰쳐나가지도 학교를 뛰쳐나가지도 않고, 영어 수업 시간도 지켜서 학원을 온다. 사실 초등학교 1학년부터 중2가 된 지금까지 아들은 내가 운영하는 학원에서 영어 수업을 받는다. 초등학교 3학년부터 올 4월까지도 아들은 혼자서 버스를 타고 내가 운영하는 학원까지 수업을 듣기위해 쉽지 않은 이동을 했었다. 지각도 안하고 성실하게. 그런 아들이 중학교 2학년 4월부터 친구들과의 파자마 파티를 구실로 밤에 집에 들어오지 않았고, 방황이라는 것을 하기 시작했고, 개학을 하자마자 학교까지 뛰쳐나가면서 어른들 흉내 내는 놀이에 푹 빠졌었다. 어른들이 없는 친구의 집을 찾아 나서거나, 밤을 보낼 수 있는 빌라 옥상을 찾아다니거나, 위험한 밤거리와 무인 코인노래방 등을 찾아다니며, 친구들과 흡연을 하고, 술을 마시고, 오토바이를 타고, 여자아이들과 만나고······

무서운 것 없이 여름밤을 불태우며, 여름을 보낸 나의 소중한 아들에게 유일하게 내가 해줄 수 있는 것은, 집으로 돌아올 때마다 말없이 따뜻하게 맞아주는 것이었다. 아들에게 몸도 마음도 건강하게 정상으로 돌아올 수 있는 소중한 사람이라는 믿음을 주는 것이다. 그리고 가족 모두 자신을 얼마나 사랑하고 아끼고 있는지 보여주기 위해 온 마음을 다하는 것이었다. 아들이 집을 나갔다 돌아온 날이면 맛있게 먹을 수 있는 음식을 요리해주고, 일요일은 온전히 가족과 함께하고, 친구들과 함께 돌아와 집에서 쉴 수 있게 해주었다.

부모란, 가족이란 그러한 것이다. 네가 무슨 잘못을 하더라도 끝까지 너를 믿어주고 지지해 주는. 그리고 자식이 올바른 길로 건강하게 가기 위해서 부모는 어떠한 것도 인내하고, 기다려주고, 온 마음을 다하여 끝까지 포기하지 않는다는 것을 보여주는 것. 아들의 방황과 일탈은 가족을 더욱 끈끈하게 이어주었고, 더욱 인내하고, 낮추는 연습을 할 수 있게 해주었다. 아들을 통해 난 세상을 바라보는 시각이 달라졌고, 더욱 나를 낮추게 되었다.

두울. 2018년 9월 14일 금요일

수업에 온다던 아들은 수업도 오지 않고 소식도 없다. 딸내미와 집에 들어와 있는데, 요즘은 페북을 살필 수도 없으니, 아들을 찾을 방법이 없다. 최근 만들어준 체크카드(출금기능 없는) 사용 내역이 찍히면 겨우 그때서야 아들의 위치를 파악한다. 내일 사회봉사를 받으러 가야 하는데, 소식이 없어서 속이 타들어 간다. 사회봉사를 이행하지 않으면, '강제 전학'이나 '등교 금지 처분'을 받을 수도 있다는데, 타들어 가는 부모속도 모른 채 시간은 새벽으로 향해간다. 밤 12시 30분에 역 근처 편의점에서 아들이 음료를 산 내역이 아빠 핸드폰 메시지로 뜬다. 우린 서둘러 역으로 향한다. 차로 빠르게 이동하면서 역부터 이마트 일대를 꼼꼼히 살핀 후 역 근처에 차를 세운

아들아 방황해서 고마워

다. 그리고 걸어서 길 골목마다 구석구석 살핀다. 아들이 안 보인다. '또 헛걸음하고 집으로 돌아가야 하나.' 하는 순간 어디서 많이 본 예쁜 아이들의 뒤통수가 보인다. 어디로 튈지 모르는 아이들에게 달려가 '아이구! 이쁜 놈들'하며 잡아온다. 늦은 시간이지만 아들 친구의 어머님이 아들 친구를 데리러 오셨다.

세엣. 2018년 9월 18일 화요일

오늘도 친구와 2교시 후 학교를 이탈한 아들은 새벽까지 연락이 없다. 친구의 엄마와 함께 8시부터 동네 일대의 PC방과 거리를 온통 차로 그리고 걸어서 찾아 헤맸지만, 결국 아이들을 찾지 못했다. 나는 아들을 잘못 기른 부모이므로 이 모든 걸 감당하고 견뎌야 하지만, 견딜 수 있는 방법을 잘 모르겠다. 이렇게까지 아이가 방황을 하게 될 줄은 상상도 하지 못했다.

경제적 어려움으로 아이들의 아빠와 많이 다투고, 심할 때는 이혼 위기도 있었지만 최선을 다해 극복해 왔었다. 항상 아이들과 함께하기 위해 여행도 함께하고, 운동도 함께하며, 정말 많은 노력을 해왔었다. 그런데 지금까지의 노력들이 아무런 쓸모없이 무너지는 것 같아서 속상하고 야속하기만 하다. 하지만, 지금은 내 감정보다는 아들이 되돌아오도록 하는 것이 최우선이므로 최선을 다하자. 지금껏 어려움 속에서도 최선을 다해 하나씩 극복해왔고, 엇나간 아들도 부모가 포기하지 않고 끝까지 최선을 다하면, 분명히 자신의 자리를 찾아 돌아올 것이라고 믿자. 진실하고 성실함만이 우리의 인생을 행복하게 이끌어줄 수 있다는 나의 오랜 믿음을 꼭 아들이 느낄 수 있도록 끝까지 노력하자. 이 어려움 속에서도 삶의 중심을 잃지 말자.

새벽 2시 30분. 아들을 찾기 위해 근처를 돌아보고 들어왔다. 안전한 곳에서 추위에 떨지 않고, 밤을 보내길 바라며 내일의 삶을 위해 또 잠을 자 두자. 아들을 돌아오게 만드는 노력과 더불어 딸의 생활도 놓치지 않도록 최선을 다하자. 그리고 아프지 말자.

새벽 5시 30분 경찰서에서 전화가 왔다. 아이들이 남의 아파트 주차장 바닥에서 잔다고 했다. 다행이다 이렇게라도 들어와서. 잠을 이룰 수 없다. 눈을 감고 뒤척인 지 한 시간 만에 자리에서 일어났다. 머리만 닿으면 잠이 드는 나인데 너무나 정신이 말똥말똥 하다. 오만가지 생각이 다 든다. 아침에 밥을 먹여 보내야겠다. 어제

아들아 방황해서 고마워

하루 종일 라면 먹은 게 전부라니.

바깥일이 많아 힘들어도 아침만은 꼭 먹여 학교에 보냈었는데, 오랜 두통과 고혈압 그리고 2년 전 '신우신염'으로 입원하고, 목 디스크로 몸이 많이 약해지고부터는 아침을 밥으로 차려주는 횟수도 줄었고, 아빠에게 아이들 등교를 부탁하는 일도 잦아졌다. 부단히 노력해왔는데 어느 순간 무너진 것 같은 이 모든 것들. 지금까지 남편을 많이 탓해왔는데, 이젠 그것도 하지 말라는 경고로 받아들여진다. 누굴 탓해도 지금 이 상황은 내가 살아온 결과물이다. 그렇게 받아들이고 나면 마음이 편안하다. 그래도 누구에게가 '나 힘들었어요.'라고 말하고 싶을 때가 있다. 그럴 땐 걸으면서 몸과 마음을 함께 움직여본다. 걸으면서 몸이 순환이 되기 시작하면, 내 머리도 나쁜 생각은 내보내고, 긍정적인 방향으로 순환을 하는 듯하다. 생각의 순환은 그동안 내가 고민하며 읽었던 책들과 다큐멘터리, 그리고 긍정적인 강연들에서 듣고 보았던 것들이 작용하여 이루어지는 듯하다. 평소에 책을 읽고 그러한 자료들을 보아두는 것이 도움이 되는 듯하다.

네엣. 2018년 9월 19일 수요일

새벽에 아이들 밥을 준비해서 먹이고, 시간 맞춰 학교를 보내고,
몸도 마음도 쳐질까 봐 걸었다. 정신을 놓치면 안 될 것 같아서 쉬고
싶지 않았다. 아이들이 무사히 학교에 갔기를 바라면서. ('아이들'이
란 아들 친구와 아들. 당시 아들 친구를 한 동안 데리고 있게 되었었다.) 오늘
하루 무사히 정상적으로 보내고 오길 바라면서. 그런데 또 선생님
께 전화가 왔다. 아이들이 등교를 하지 않았다. 이제 더 이상 이 문
제를 간과하면서 기다려 주기만 하면 안 될 듯하다. 아이들이 학교
를 안 가는 이유를 파악하고, 미래를 위해서 이렇게 지내면 안 됨을
인식시켜주는 구체적인 노력이 필요한 것 같다. 좀 더 깊이 있는 상
담과 해결과정이 필요하고 알아봐야 할 듯하다. (아직 이때까지는 아
이들이 학교를 안 다니면 인생이 끝나는 줄 알았다. 하지만 등교에 대한 나의
생각은 점점 바뀌어 갔다.)

오늘은 10시에 일이 끝나는 날이라 딸과 함께 버스를 타고 귀가
하니, 11시에 친구의 어머니가 9시 정도까지 아이들을 찾아보다가
집으로 돌아가시고, 오늘밤은 아이들을 찾으러 나가지 않고, 경찰
에 순찰 시 살펴봐 달라고 부탁하고, 잠을 자기로 했다. 너무 지치지
않아야 또 아이들을 찾아 나설 힘이 생기니, 안전하게 밤을 나기를

아들아 방황해서 고마워

기도해본다. 그리고 이 상황이 언젠가 끝나리라 믿으며, 오늘 하루를 마감한다. 아들보다 한 살 위인 딸내미가 얘기한다. 자신도 작년까지만 해도 어른들처럼 부모의 간섭과 도움 없이도 세상을 살아갈 수 있을 거라 생각했다고. 하지만 지금은, 아직 자신이 온전히 스스로 설 수 없고, 부모의 도움과 보호 하에 살아야 한다는 현실을 알게 되었고 받아들이게 되었으니, 동생도 내년 쯤 이면 현실을 인식하고, 제자리로 돌아올 거라고. 그래! 돌아올 것이다. 부모로부터 독립을 준비하는 과정이라고 생각하고 기다리자. 이제 한결 마음이 편해진다. 밖에서 지내는 동안 부디 큰 사고가 없기만을 기도해보자.

다섯. 2018년 9월 20일 목요일

아침에 딸을 등교시키고, 아들을 찾으러 PC방과 거리를 돌아보고, 이마트 6층에 주인 없이 비어 있는 푸드 코트를 둘러보니, 아이들이 밤에 지낼 수 있는 환경이었다. 아이들이 추위와 비를 피하고, 놀 수 있는 영업하지 않는 상가 공간들이 생각보다 많이 있었다.

저녁에 일을 마치고 또 아들을 찾아 다녔지만, 오늘은 PC방에 안

들른 것 같았다. 밤엔 편의점에서 체크카드 사용을 시도했지만, 잔고가 없어서 실패하고, 오늘은 제대로 먹지도 못하고, 하루를 보낸 것 같았다. 지난 4월 친구와 처음 밖에서 보낸 이후의 일들이 모두 머리 속에 스치고 지나갔다. 이제 아들이 밖에서 고생할 만큼 하고, 바닥을 치고, 현실을 인식하고, 돌아올 때까지 시간이 걸려도 스스로 깨달을 때까지 기다려줘야겠다는 생각이 든다. (이 때부터 아들의 방황의 끝을 부모가 억지로 앞당길 수 없다는 걸 깨닫기 시작했던 것 같다.) 그동안 아들을 제대로 돌보지 못한 우리의 잘못으로 아들이 큰 홍역을 치르고 있지만, 이제 스스로 깨달을 때까지 기다리는 방법밖엔 없는 것 같다.

내가 원했든 원치 않았든 내가 선택한 나의 과거에 의해 현재의 내가 있는 것이고, 현재의 나의 상태에 내가 어떻게 대처하느냐에 따라 나의 미래가 결정이 된다. 남편이 가장 역할을 못하고, 문제를 일으킨다고 원망만 하고 있었다면, 벌써 우리 가정이 무너졌을 것이고, 지금 아들이 상상을 초월하는 방황을 하더라도, 이것이 인생의 끝이 아니라 지금 내가 어떻게 대처하느냐에 따라 더욱 비옥한 미래의 거름이 될 수도 있을 것이다! 우리 아들이 돌아올 것이라 믿고, 지금 잘못된 행동들이 자신에게 어떤 영향을 미치는지 스스로

아들아 방황해서 고마워

깨달을 때까지 기다리자.

여섯.2018년 9월 22일 토요일

파란하늘과 시원한 바람이 좋은 가을이다. 추석 연휴를 앞두고 마음이 편치 않지만, 온 가족 모두 행복한 연휴가 되도록 기도한다. 우리 아들도 가족과 함께 편안함을 느끼면 좋겠다. 아무런 목적도 생각도 없이 방황하는 아들이 마음이 아프지만, 더 이상 마음 아파하지 말고, 당당하고 힘차게 아들의 어려움을 이겨내는데 힘이 되는 부모가 되도록 하자. 내가 흔들리면 안 된다. (끝도 없는 다짐의 나날들이었다)

일곱. 2018년 10월에 어느 날

4월 이전의 아들을 생각해보자. 정말 오랜 기간 어린 나이에 엄마가 챙겨주지 않아도 약속을 잘 지켜오던 훌륭한 아이였다. 엄마가 퇴근하기 전에 들어오는 통금 시간도 잘 지켰고. 그러니 믿어주자! 스스로 제자리로 돌아올 때까지! 그리고 아들의 소중함과 우리가 아들을 얼마나 사랑하는지를 계속 말해주자. 관심과 시선은 아들에게 있으되 너무 관심을 주지 말고, 대할 땐 따뜻하게. 최대한 아들이 선택하고 책임질 수 있으면서 부모에게서 독립할 수 있도록 지지해주자. 자신의 행동에 대한 책임을 제대로 질 수 있도록 도와주고. 아들의 마음이 스스로 움직이는 시점이 올 것이라 믿는다. 선생님의 한 마디, 친구의 한 마디, 또는 영화 대사 한 마디에 마음이 움직일 수 있을지도 모른다. 시간이 흐르면서 친구들과 주변 사람들의 변화와 발전을 보면서 자신의 위치를 살피게 되고, 미래를 생각하게 되는 시점이 올 것이다. 믿자!

아들아 방황해서 고마워

07

앗! 폭풍의 눈이 소멸하다.
신기하다!

• 아이들과 좋은 관계 유지하기 •

2020년 여름은 '코로나 19'의 여파로 정신이 없는 사이에 걱정했던 것 보다는 무난히 태풍이 지나갔다. 뉴스에서 얼마 전 지나간 '제10호 태풍 하이선'의 위력이 상당할 것으로 일기예보가 되었지만, 예상 보다 빨리 '태풍의 눈'이 소멸되고, 태풍은 동해안을 스치면서 다시 해상으로 빠져나갔다. '태풍의 눈'은 소멸이 되어서 다소 세력이 약해졌지만, 여전히 전국 곳곳에 매우 강한 비와 바람이 부는 등 강한 위력을 발휘하고 있다는 뉴스를 접했다. 아들의 강력한 사춘기 폭풍 상태도 현재 그와 비슷한 국면을 맞이하였다. 기상 뉴스를 보면서 날씨와 우리 인간의 마음 상태도 참으로 비슷한 면이 있는 것 같아 재미있다는 생각이 들었다.

　'코로나 19'로 인해 등교 대신 온라인 수업을 겨우 이어 나가던 아들은 6월에 등교를 하는 순간 자신이 학교를 다닐 수 없다는 것을 알게 되었다. 중학교 2년을 겨우 버텨 졸업을 했으니, 당연히 고등학교 과정이 아들에게 벅찰 수밖에 없었을 것이다. 나는 이미 마음의 준비를 하고 있던 터라 자퇴 후의 생활에 대해 확실하게 아들에게 책임을 부여해야겠다는 생각을 하고 있었다. 중학교 시절에는 너무 어려서 마음이 많이 쓰였지만, 이제 17살이 되었으니, 자신을 책임지는 사람으로 자랄 수 있도록 해 주는 게 부모로서 해줄 수 있는 최선이란 생각이 들었다.

　우선 아들에게 학교를 그만 두는 순간부터 부모의 경제적 지원은 중단된다는 사실을 알렸다. 학생의 신분으로 공부를 하고 있는 동안은 책임을 다하고 있는 대가로 용돈을 제공받는 것이니, 학교생활에 상응하거나 미래를 위해 뭔가 꾸준히 준비하는 과정을 가진다면 경제적인 지원을 해주고, 그렇지 않다면 부모의 지원이 중단되고 본인이 돈을 벌어서 생활해야 함을 분명히 알렸다. 아들도 지난 2년간 우리의 사랑과 기다림을 아는지 우리의 의견에 반대

　　　　　　　　　　　　　　　아들아 방황해서 고마워

없이 동의했다. 스스로를 책임지겠다고 자신만만하게 아르바이트 자리를 알아보기 시작했다. 그리고 동네에 있는 모 패스트푸드 프랜차이즈에 일자리를 구하고 자퇴서를 썼다. 그렇게 아들은 학생의 신분을 벗어났다. 나이는 청소년이지만 사회인이 되었다.

아르바이트를 일주일에 3번 정도 나가고, 다른 스케줄도 일정치 않으니, 아들은 남는 시간을 의미 있게 쓰지 못하고, 또 친구들과의 놀이에 빠졌다. 패스트푸드점 아르바이트도 겨우 3주 만에 그만 두게 되었다. 이번엔 내기 당구와 볼링에 빠져, 두 달 동안 엄청난 돈을 쓰고 볼링 선수가 되고 싶다 한다. 용돈을 못 받으니 여기저기 빌린 돈이 꽤 되었다. 아들에게 빌린 돈을 스스로 책임지게 했다. 빌린 돈을 갚기 위해 아들이 다시 아르바이트 자리를 구하려고 애를 써봤지만 잘 구해지지 않았다. 지인 중에 창원에서 '헬스짐'을 4개 운영하는 성실한 청년 사장님이 있다. 기회가 되어 아들 얘기를 했더니, 자신이 2~3개월 데리고 있으면서 독립할 수 있는 능력을 갖출 수 있도록 해 보겠다고 했다. 너무나 감사했지만, 결코 쉬운 부탁이 아니었다. 혹시나 하는 마음에 아들에게 조심스럽게 그 곳에 일하러 가보겠냐 했더니, 아들은 예상 밖으로 쿨하게 가겠다고 한다. 아들은 친구들과 2~3개월 동안 못 본다고 아쉬워하며, 마지막 저녁 식사를 하고 창원으로 떠났다.

그 청년 사장님은 새벽 4시에 일어나, 5시에는 등산을 하고, 7시부터는 헬스장에 나가서 일을 시작한다. 그리고 하루 종일 4개의 지점을 돌아가며 직원들 관리를 한다. 3일을 그 청년 사장님과 지낸 아들은 3일째 되는 날 밤에 차를 타고 도망치듯 올라왔다. 그렇게 빈틈없이 사는 청년 사장님을 보고 인간이 아니라 마치 로봇 같다고 했다. 아들이 약속한 2개월을 모두 해냈으면 좋았겠지만, 다시 내려 보내진 않았다. 남편도 나도 최대한 아들이 자유의지로 움직이는 것을 기다려 주려 한다. 아쉽게도 실패한 3일이었지만, 다른 환경에서 그렇게 열심히 사는 사람들의 모습을 볼 수 있었던 경험은 아들의 마음에 큰 변화를 위한 출발점을 찍어 주었을 거라 믿는다.

창원에서 돌아온 아들에게 우리는 단호했다. "네가 약속한 두 달을 다 지키지 못했으니, 역시 앞으로도 한 푼도 지원해 줄 수 없다"고 동요 없이 부드럽지만 단호하게 의사 전달을 했다. 그리고 아들도 그 사실을 받아들였다. 아들은 창원에서 올라온 후 6일 동안 집밖을 나가지 않고, 집에서만 있었다. 집이 역시 편하고, 엄마

아들아 방황해서 고마워

밥이 세상에서 제일 맛있다고 너스레를 떨더니, 7일째 되는 날 아르바이트를 구했다고, 이제 매일 일하러 갈 거라고 친구와 함께 나섰다. 아들이 구한 아르바이트 자리는 모 편의점 물류센터였다. 친구 형이 일하고 있는 곳이라 어렵지 않게 일할 수 있게 되었다. 이번엔 아들이 토요일까지도 쉬지 않고 매일 나간다. 급여도 일급으로 받아서, 친구들에게 빌렸던 돈도, 아빠께 빌렸던 돈도 다 갚았다. 매일 10시간씩 일하면서도 자신에게 맞는 일을 찾은 것 같다며 1년은 하고 싶다 한다.

어느 날은 오랜만에 하루 일을 쉬고, 친구들을 만나서 놀고 들어오면서 가족들 먹으라고 피자를 사 들고 들어왔다. 누나에게도 얼른 들어와서 피자를 먹으라고 문자를 보냈다. 배는 불렀지만, 아들이 사온 피자를 한 조각 집어 들었다. 별거 아니지만 아들과 좋은 관계를 유지하고, 아들이 스스로 자신의 길을 찾아가길 바라며, 한 걸음 물러서 기다렸던 시간들이 헛되지 않았음에 피자 한 조각을 먹는 내내 코끝이 찡해왔다. 17살 내 아들이 이제 스스로 자신의 삶을 찾아가는 한 걸음을 내딛고 있는 것 같아 마음이 따뜻해왔다. 감사했다. 학교도 안 가고 공부도 안하고 다른 사람들 기준에는 이상하게 보일수도 있는 상황이지만 감사했다. 역시 아이들은 스스로 자라는 힘이 있음을 느끼는 그 순간 작은 행복감이 밀려왔다. 진심으로 내가 가진 이 모든 것에, 내가 여기 지금 이 순간을 살고 있음에 감사했다. 그리고 우리의 믿음과 사랑과 기다림은 어느 순간 아이의 마음으로 흘러 들어가 스스로 살아갈 힘을 찾게 해준다. 아들이 방황하는 동안 가장 큰 목표가 아들과 좋은 관계를 유지하는 것이었다. 수평적으로 변해가는 자녀와의 관계에서 부모로서의 역할이 쉽지 않다. 올바른 가치를 주면서도 소통을 할 수 있는 부모가 되는 것이 목표이다. 그리고 절대 포기하지 않고, 끝까지 노력할 생각이다. 우리가 포기하지 않으면, 우리 삶에 실패는 없다고 한다. 나와 남편은 이렇게 조금씩 변화해 가는 아들을 보면서 신기하기도 하고, 아이가 큰 성공을 해서가 아니라, 조금씩 나아지고 있어서 행복함을 느낀다. 그리고 앞으로 계속 조금씩 나아질 것이라는 희망을 가져본다.

사람은 완벽한 존재가 아니다. 그래서 수많은 실수와 시행착오를 통해 배우고 성장한다. 나는 많이 실수하고, 아파하고, 후회하고, 반성하고, 변화하면서 지금까지 살아왔던 것 같다. 내가 아이들을 키우면서 해왔던 실수를 통해서 배웠던 것처럼, 여러분도 나의 실수를 간접적으로 읽으면서 여러분의 앞날에 좀 더 나은 선택

아들아 방황해서 고마워

을 하길 바라면서, 지난 2년 동안 내가 어떤 실수들을 했는지를 들려주고자 한다. 그리고 그 실수와 어려움들을 통해 달리 생각하게 된 과정과 아이들과 함께 성장한 과정. 그리고 스스로를 사랑하고 행복한 삶을 향한 여정을 시작한 과정 등을 여러분과 함께 나누고 싶다. 여러분들도 이제 누구의 엄마, 누구의 아내가 아닌, 자신이 스스로 원하는 행복한 삶을 모두 찾아가길 두 손 모아 기도해 본다. 물론 아빠들도 마찬가지라고 생각한다. 지금까지 가족을 위해 희생하고, 책임지는 가장이기를 요구받아 왔지만, 결국은 자신을 제대로 사랑하고 진정으로 원하는 자신의 삶을 찾아야만, 자신도 가족도 책임질 수 있다고 생각한다. 아빠, 엄마, 그리고 아이들 모두 살아있는 생명체이고, 개체이기 때문이다. 이 세상에서 우리는 집단의 일부이기도 하지만, 그 이전에 각자가 의미가 있는 개개인의 생명체이기 때문이다. 가족들과 함께이지만 여러분의 인생의 페이지에는 여러분이 주인공이기를 바란다.

08

난생 처음
'다르게 생각하는 법'을 배웠다.

• 기준에서 벗어나 다르게 생각하기 •

삶이 꿈같았습니다.

20대에는 30대가 되면,

내가 뭔가 특별한 것을 이루고 살고 있으리라는 꿈을 꾸었고,

30대에는 열심히 살기만 하면,

행복이 내게 올 거라는 꿈을 꾸며 하루하루를 버텼습니다.

40대에는 30대에 꾸었던 너무나도 평범한 꿈이

내 것이 아님에 절망하였습니다.

이제 50을 바라보는 나는,

평범한 꿈을 포기하고 특별한 꿈을 꾸려 합니다.

그리고 내 마음 속의 나는.

이미 그 꿈을 이루었음에 행복한 미소를 짓고 있습니다.

인간이라면 누구에게나 변화의 계기가 있다. 그 계기들은 사람들에 따라 시기도 다르고, 변화의 정도도 모두 다르다. 어떤 사람은 결혼 전과 후가 달라지는 사람도 있을 것이며, 어떤 사람은 운동을 꾸준히 하기 전과 후가 다를 것이고, 어떤 사람은 직장을 그만두기 전과 후가 다를 것이고, 어떤 사람은 충격적이거나 절박한 경험을 하기 전과 후가 다를 것이고, 어떤 사람은 책을 본격적으로 읽기 전과 후가 다를 것이다. 이처럼 사람마다 변화의 계기는 아주 다양할 수 있다. 인생에서 내가 달라지는 여러 계기들이 있었다. 그 중 나를 조금씩 변화시킨 계기들도 있었지만, 내 생각에 큰 변혁을 일으킨 계기들이 바로 우리 아이들의 방황이었다. 결혼 생활 20년 동안 힘든 일이 있을 때마다 우리 아이들이 잘 성장할 것이라 믿고, 견디고, 노력하고, 계속 달려왔는데, 내가 생각하던 아이들의 모습과 전혀 다른 모습으로 아이들이 성장해 가기 시작한 순간, 난 아이들은 내가 키우는 게 아니라 자신들이 자라는 것이라는 것을 깨달았다.

우리 아들의 방황에 앞서, 연년생 누나인 딸은 중학교 2학년이 되면서 수학을 포기하겠다고 선언을 했다. 음악을 하는 본인이 수학을 고생하며 배워야 하는 이유를 모르겠다고 강력하게 수학을 거부했다. 중1때까지는 그럭저럭 따라가던 수학이 중 2가 되어서는 감당이 안 되었나 보다. 그래도 진로를 변경할 경우를 대비해서 기초적인 것만이라도 꾸준히 하자고 6개월을 싸운 끝에, 결국 난 딸의 의견을 들어줄 수밖에 없었다. 딸은 학교에서 밴드 부를 결성하여, 내가 보기에도 꽤나 열심히 활동을 했고, 딸이 세상에 태어나서 가장 자발적으로 열심히 하는 활동들을 보며 딸을 인정해 줘야겠다는 결심이 섰다. 성공에 대한 보장이나 부모가 짜주는 전략에 의지해서가 아니라 온전히 자신만의 의지와 힘으로 밴드 부를 이끌어가고 연습을 하는 딸을 보면서 지지를 안 해 줄 수 없었다. 사실 딸은 중 2때까지 6~7년 이상 인라인 스케이트를 꾸준히 타고, 스키 지도자 3급 자격증도 따면서 진로를 생활체육 쪽으로 정해보려 했었다. 딸은 진로를 바꾸는 것이 엄마에게 미안한 생각이 들어서 1년 정도는 혼자 마음 앓이를 했고, 내가 모르는 사이에 음악을 하기 위한 준비를 혼자서 조금씩 해 나가고 있었다. 그리고 결국은 스스로 먼저 자신의 길을 가기 위해 움직이기 시작했다. 그렇게 나는 부모가 자녀를 만들어가는 것이 아니라, 아이의 내면은 여러 가지 요소에 의해서 스스로 자란다는 것을 깨달았다. 부모가 짜 놓은 각본대로 모든 아이들이 따라가지는 않는다는 중요한 사실을 깨달은 순간들이었다.

'그리고 뒤 이어 더 임팩트 있게 온 아들의 방황!'

딸의 고민과 방황과는 달리 아들은 친구들과의 놀이에 의한 방황이었고, 한 번 낙인찍힌 아이는 자신의 상태가 회복되기 힘들다고 판단하고 포기해 버리는 상황에 이르렀다. 아들의 방황은 세상을 꾸준히 진실하고 성실하게만 살면 좋은 미래가 있을 것이라 믿었던 나의 신념에 큰 충격과 각성을 주었다. 처음은 아들의 돌출행동에 대한 충격과 분노가 일었고, 그 다음은 제자리로 되돌려 놓고 싶은 절박함이 나의 마음을 흔들었고, 아이를 제대로 양육하지 못했던 나에 대한 반성으로 힘든 시간들을 보냈다. 해결 방법도 방향도 보이지 않는 답답한 시간의 터널 속에서 난 답을 찾고 싶었다. 아이의 삶을 돌려놓고 싶어 답을 찾아 나선 지난 1년 반의 시간은 결국 사랑이 해답임을 깨닫는 시간이었다. 아이는 심리적 탯줄을 끊고, 나와 분리된 독립체로 성장하고 있다는 사실을 깨달았다. 그 깨달음들 자체로도 난 마음이 한결 편해지고 가벼워졌다. 그리고 그 깨달음들은 내게 몇 가지 질문을 던져주었다. 한 인간으로서의 '나'에 대한 질문들이었다. 내가 나 자신을 다시 생각해보기 위해서 했던 질문들 중 가장 주요했던 질문들 중 9가지를 써보았다. 그동안 이런 질문을 스스로에게 한 번도 해 본 적이 없다면, 여러분도 한 번 스스로에게 이 질문들을 하면서 자신과 마주하는 시간을 가져 볼 것을 권해 본다.

나와 마주하는 9가지 질문들

1. 나는 누구인가?
2. 나는 왜, 무엇 때문에 살고 있는가?
3. 나는 지금 행복한가?
4. 지금 나에게 지배적인 감정은 무엇인가?
5. 나는 무엇을 할 때 가장 기쁜가?
6. 나는 무엇을 할 때 내가 가장 가치 있는 사람이라고 느껴지는가?
7. 나는 앞으로 어떻게 살 것인가?
8. 내 삶에 있어서 가장 중요한 것은 무엇인가?
9. 나의 행복은 누가 책임지는가?

아들아 방황해서 고마워

아이들이 사춘기를 겪는 동안 나의 마음에는 각성이 일어났다. 이런 시련이 없었으면 절대 있을 수 없었을 큰 각성! 아이들이 이렇게 관념적인 기준들을 깨면서 외치지 않았더라면, 난 아직도 아이들을 내 뜻대로 하려고 애를 썼을 것이다. 그리고 내 뜻대로 따라오지 않는 아이들에 대해서 답답해하고 있었을 것이다. 아이들이 일반적인 어른들이 생각하는 것처럼 예의 바르고, 공부도 잘하고, 겉으로 두드러진 문제없이 무난하게 잘 자라기만을 원했을 것이다. 아이들이 지금 겪는 사춘기도 당연히 겪어야 하는 과정이라는 것을 잊은 채 어른들의 기준에 합당한 아이들의 모습만을 바라며 아이들을 재촉했을지도 모르겠다.

아이들이 온몸으로 자신들을 격렬히 표현하였기에 나는 아이들에 대해서 더 알고 싶었다. 아이들이 다시 인생의 제대로 된 궤도로 돌아오길 간절히 원했기에 난 공부하기 시작했다. 온라인 강연, 관련 다큐멘터리, 학교, 청소년과 심리, 그리고 뇌에 관한 책들을 읽었고, 나와 우리 아이들, 그리고 방황하는 우리 주변의 아이들에게 내가 할 수 있는 역할이 없을까 고민하며 심리 수업을 들었다. 그 끝에 내게 온 메시지는 한 가지로 귀결되었다.

'너 자신을 먼저 알고 찾아라.'

'너 자신을 있는 그대로 사랑해 주어라.'

'그러면 가족과 이웃을 모두 사랑할 수 있다.'

'사랑'이 문제 해결의 열쇠이다.

그 이후 나는 나 자신을 알아가는 과정을 하나씩 밟아가고 있다. 그리고 나 스스로 마음의 여유가 생기니, 내 주변의 모든 사람들을 사랑해 주리라는 결심이 섰고, 아이들을 좀 더 이해하고 사랑하려는 마음이 생겼다. 이전엔 나의 서투름을 숨기면서 규칙을 강조하는 건조하고 딱딱한 엄마였지만, 이제는 더 서툴고 빈틈이 많아도 친근한 엄마가 되려 한다. 달리 생각하니 다른 세상이 보이기 시작했다. 달리 생각하기 시작하니 서투른 내가 좋아지기 시작했고, 실수로부터 배우고 발전하는 나 자신이 자랑스러웠다. 나도 변화하고 발전할 수 있고, 우리 아이들도 이 세상 모든 아이들과 부모들도 지금의 방황, 실수, 시행착오를 통해 변화할 수 있고, 행복할 수 있고, 성공적인 삶을 살 수 있다는 믿음이 생겼다.

『미라클 모닝』의 저자인 '할 엘로드'는 타인과 사회가 정해 놓은 기준에만 따라가면 성장이 제한되며, 그것을 넘어서기 위해서 다

아들아 방황해서 고마워

르게 살지 않으면 후회하는 삶을 살게 되니, 다르게 생각하라고 말한다. 기준에서 벗어난 현재의 상태가 삶의 끝이 아니다. 기준에서 벗어나 스스로의 기준을 만들어 가는 삶이야 말로 진정한 자신의 삶이 될 수 있다. 삶은 끊임없이 변화하고 그 변화무쌍한 삶 속에서 우리도 변화해야 한다. 수십 년 전에 우리가 가졌던 신념과 기준은 현재에 적용이 될 수 없는 것들일지도 모르겠다. 이제 달리 생각하자. 그리고 현재에 맞는 자신만의 기준을 만들어 나가자. 그것이 나와 이웃과 세상 모든 이에게 이롭고 행복을 가져다 줄 기준이라면 당장 적용해 나가야 할 것이다.

09

나의 인생관과 아들의 질문

• 아이들의 여백의 시간을 지지하기 •

공무원으로 평생을 지내오신 아버지를 보면서 자란 나는 그냥 인생은 성실하고 진실하게 살아가면 된다고 생각했다. 학생은 자신의 본분인 공부를 열심히 해야 하고, 가정에서 아빠는 가장의 역할을 충실히 해야 하고, 엄마는 아이들을 잘 돌보아야 하고, 학교는 절대 결석도, 지각도 하지 않고 성실히 다녀야 하는 곳이라고 생각해 왔다. 아마도 우리 세대 대부분이 나처럼 그렇게 생각했을 것 같기도 하다. 약속 시간은 반드시 어겨선 안 되고, 학교에 갈 때에 교복은 꼭 착용해야 하고, 학교에서 학생이 화장을 짙게 해선 안 되고, 머리는 튀는 색으로 염색을 해서도 안 된다고 생각했다.

한 치의 의심도 없이 그러한 사실들이 우리가 반드시 지켜야 할 변함없는 규칙이라고 생각했다.

　모든 행동에서 나태해서도 안 되고, 무조건 모든 일을 성실하게 최선의 태도로 해 나가야 한다고 생각했었다. 물론 지금도 나의 모토는 진실하고 성실하게 최선의 태도로 무엇이든 끝까지 포기하지 않고 하는 것이다. 하지만 문제는 나의 규칙과 기준을 가족들에게도 똑같이 지키라고 강요하는 데서 시작된다. 물론 부모의 가치관을 전달하고 아이들을 그렇게 가이드 할 수는 있지만, 그것이 싫은 아이들에게 무작정 강요할 수는 없다는 것을 알게된 순간, 난 나의 인생관과 가치관을 크게 변화시켜야만 했다. 아이들이라도 모두 각자의 생각이 있고, 나름대로 행동의 이유가 있을 것이라는 생각을 하게 되었다. 그리고 아이들에게는 아무것도 강요당하지 않는 여백의 시간이 필요하다는 생각도 들었다. 요즘 아이들은 태어나서 스스로 걷고 말하게 되는 순간부터 어른들이 짜 놓은 틀에 맞출 것과 학습을 강요당한다. 어른들의 양육 방식으로 좀 더 나은 아이들로 길러지도록 강요당한다. 편안하고 자연스럽게 뒹굴 거리며, 여백의 시간을 보내야 하는 아이들이 영유아기 부터 잘 짜진 틀에 맞추어 양육되어진다. 아이들이 뒹굴 거릴

여백의 시간은 없다.

일하는 엄마들의 아이들은 더욱 그러하다. 돌도 되기 전에 어린이집에 맡겨지는 경우도 있다. 나도 아이들을 이른 시기부터 어린이 집에 맡겼고, 늘 일을 하는 엄마 덕분에 우리 아이들은 함께 바빴다. 그래서 어쩜 아이들도 그동안 너무 바쁘고 힘 들었기 때문에 잠시 쉬어 가야 한다는 신호가 온 것일 수도 있다는 생각이 들었다. 15년 동안을 그 나이에 감당하기 벅찰 만큼 바쁘고 힘 들었으니, 잠깐 쉬어 가고 싶다는 신호를 스스로 보내온 것이다. 지금까지 꾸준하게 성실하게 온 삶의 트랙에서 벗어난다는 것이 많이 두려웠다. 하지만 아이들의 이 신호를 인정하고 받아들여야 했다. 긴 인생을 두고 보면 지금 억지로 트랙 위에 머물게 하는 것이 이후에 더 큰 대형사고로 이어질 수 있겠다는 생각이 들었다. 우선 아이들의 여백의 시간을 지지해주기로 했다.

그리고 나선 아이들에 대해 더 알고 이해하고 싶었다. 지금 이 환경에서도 아이들이 좀 더 건강하고 행복하게 살기를 간절히 바랐다. 그래서 달리 생각을 해보기로 했다. 나의 인생관과 가치관에 유연성을 주기로 했다. 절대로 안 될 것 같던 일들을 다른 시각으

아들아 방황해서 고마워

로 바라보고, 이해하는 시간을 가져보기 시작했다. 그렇게 나의 인생관과 가치관은 크게 변화하기 시작했다.

우리는 흔히 다시 태어나도 지금의 남편과 결혼을 하겠냐는 질문을 받는다. 여러분은 어떠한가? 나는 다시 태어나면 남자로 태어나고 싶다고 종종 대답한다. 여자로 태어나 제약이 많은 삶을 살아서 그렇게 대답을 해왔는데, 앞으로는 여성의 삶도 꽤 괜찮을 것으로 예상해 보면 다시 여자로 태어나는 것도 괜찮을 듯하다. 그리고 굳이 같은 남편과 결혼할 필요는 없지 않을까 한다. 한 번 살아봤으면 됐지. 또 똑같은 사람이랑 사는 건 좀 재미가 없지 않을까? 원래 인간은 변화를 좋아하는 존재이기도 하고. 아무튼 그런 질문을 아들한테서 받을 줄은 상상해 본 적이 없는데, 하루는 새벽에 일어나 톡을 확인해 보니 아들로부터 이런 메시지가 와있었다.

"엄마! 엄마는 다시 태어나면 나 말고 다른 아들 키우고 싶어?"
"아니면, 다시 태어나서 내가 지금처럼 똑같이 방황하고, 힘들게 해도 그냥 나랑 똑같은 아들이랑 살고 싶어?"
"우리 아들이 철학적인 질문을 하네."
"난 지금처럼 똑같은 우리 아들을 다시 아들로 두고 싶어. 엄마는 네가 특별한 아이라는 걸 알거든. 그리고 너 때문에 힘들지 않아. 그냥 네가 안전하고 행복하게 지내면 엄마도 행복해. 지금 네가 방황하는 건. 넌 호기심이 많고 똑똑한 아이라 뭐든지 해보고 싶은 거라고 엄마는 생각해. 네가 그 모든 걸 경험해보고 나면, 정말 너의 마음이 행복하고, 너의 가슴이 원하는 삶을 찾을 수 있을 거야. 사랑해"

아들이 방황하던 초기에는 아들이 아직 어리기도 해서 걱정이 많이 되었다. 이제 17살이 된 아들은 아직도 제대로 된 인생을 찾아가려면 많은 시행착오를 하겠지만, 조금씩 자신을 제대로 보기 시작했다. 사실 다음 생에서도 이런 아들의 방황을 지켜보라면 힘들고 싫겠지만, 아들의 방황으로 나도 성장하고 단단해지고 있으니, 아이의 방황을 지켜보는 것이 그리 나쁜 일 만은 아닌 것 같다.

10

아들아, 방황해서 고마워!

• 진정한 나로 살아가기 •

가정을 위해 밖에서 일을 하며 연년생을 키우느라 어려움도 많았지만, 아이들과 함께하는 주말이 언제나 행복했다. 주말이 되면 아이들과 함께 인라인을 타고, 캠핑도 함께 다니는 등 아이들과의 추억거리를 제법 많이 만들어 왔던 것 같다. 항상 주말이 되면 피곤함에 힘들었지만, 아이들이 한 인간으로서 자신의 인생을 책임지며, 행복하게 살아갈 수 있도록 부모의 책임을 다하겠다는 일념으로 열심히 살아왔다. 이제서 돌이켜보니, 나는 대다수의 부모들이 추구하는 '양육관'을 가지고 있진 않았던 것 같다. 어린 시절 나의 부모님은 두 분 모두 일을 하셨고, 동생과 나는 방과 후 부모님이 직장에서 퇴근하실 때까지 우리끼리 보내는 시간들이 많았다. 그래서인지 아이들의 공부는 아이들이 스스로 하는 것이라고 생각했지, 부모가 개입을 하는 것이 아니라는 생각을 했고, 학교생활 역시 부모의 개입 없이 아이들과 선생님이 충분히 소통을 하면서 이루어지는 것이라고만 생각해 왔다. 나조차도 사교육에 몸담고 있으면서, 내가 가르치는 아이들이 단지 시험만을 위해서 공부하기보다는, 아무리 시간이 걸려도 천천히 쌓여가는 공부를 할 수 있도록 이끌었고, 아이들이 배움 그 자체를 기뻐하길 원했다.

우리 아이들을 각박한 입시의 소용돌이 속으로 억지로 밀어 넣고 싶지 않았던 나의 교육관이 작용을 하였는지, 아님 우리 아이들의 타고난 기질이 발휘가 된 것인지 모르겠지만, 우리 아이들은 쫓기는 공부를 거부했고, 중학교 2학년 시점에 둘 모두 학교 공부에 흥미를 잃고 손을 놓았다. 아이들이랑 여러 번 말씨름도 하고, 살살 달래도 봤지만, 그 어떤 것도 아이들의 학교 공부에 동기를 부여하지 못했다. 어려서부터 우리 아이들은 친구들 그룹에 섞여 내게 영어를 배웠는데, 그때에는 영어를 곧잘 하고 그룹에서 친구들을 리드하는 아이였었기에 처음엔 학습 의욕을 잃어버린 아이들의 모습에 무척 당황하였고, 몹시 화도 나고, 하늘이 무너지는 듯

아들아 방황해서 고마워

한 슬픔을 느끼기도 하였다. 그렇게 학습에 흥미를 잃은 아들은 친구 관계에 집착하며 방황을 하기 시작했고, 그렇게 힘겨운 2년을 보내게 되었다.

2년이라는 세월이 어떻게 흘러갔는지 모를 만큼 빠르게 지나갔다. 처음에 당황하고 슬펐던 나는 답답한 마음에 누구에게라도 도움을 받고 싶었다. 그런데 자신 있게 누구에게도 털어놓지도 못할 만큼 사회적인 압박을 느꼈다. 부모님이나 형제들에게 조차도 의논하기 힘든 문제들이었다. 난 '세바시(세상을 바꾸는 시간, 15분)'나 유튜브 강연들을 찾아보고, 청소년기를 다룬 책들을 닥치는 대로 읽어대기 시작했다. 조금이라도 도움이 될지도 모른다는 생각과 그렇게 공부하는 과정에서 지푸라기라도 잡고 싶은 심정이었다. '세바시' 강연 영상들 중에서 내 마음을 흔들어 놓았던 청년 강사의 블로그에 이웃 신청을 하고, 글을 남기기도 했다. 그런데 내게 신기한 일이 일어나기 시작했다. 나는 그 강사의 너무나 성의 있는 댓글 답변을 받으면서 감동했고, 그 강사의 강연이란 강연은 모두 찾아보기 시작했다. 급기야 그 강사가 진행하는 스터디 파이 '미라클 모닝' 스터디에 참가하는 용기를 내었다. 그것이 나의 기적의 시작이었다. 그 뒤로 나는 그 곳에서 수많은 청년들을 만날 수 있었고, 청소년기의 방황과 아픔이 그 이후에 스스로의 인생을 찾아가는 원동력이 될 수도 있다는 믿음을 갖기 시작했다. 아이들은 누구나 사랑해 주고, 믿어주고, 기다려 주면 스스로 자라날 힘이 있다고 생각하게 되었고, '아들아, 방황해서 고마워!'라는 마음이 생기기까지 1년 반의 시간이 걸렸다. 이제 자녀의 방황으로 힘들어하는 많은 엄마들과 나누고 싶다. 아들이 방황해도 용기를 가지고 자녀와 함께 성장할 수 있다는 생각을. 그리고 스스로 행복을 찾아갈 수 있다는 믿음을 함께 키워 나가고, 그 행복 찾기를 실천하는 방법들을 실질적으로 나누고 싶다.

'아들아 방황해서 고마워.'

너의 방황이 시작되었던 순간들이 아직도 생생하단다. 솔직히 많이 놀라고, 당황하고, 힘든 순간들이었어. 세상이 끝날 것 같은 슬픔이 몰려오기도 했었지. 하지만 너의 방황과 한 인간으로서 성장하기 위한 너의 외침이 우리를 성장하게 해주었어.

엄마는 우리 아들 덕분에 이 세상의 더 많은 곳을 바라볼 수 있는 '넓은 시야'를 선물로 받았단다. 그리고 틀에 박힌 사회적 고정

관념에서 당당히 벗어나 '나' 자신을 찾을 수 있게 되었단다.

아들아. 엄마는 너로 인해 진정한 '나'로 살아갈 수 있는 힘을 갖게 되었어. 나를 찾고 다시 꿈꾸게 해줘서 진심으로 고맙다. 엄마도 아들도 이제 멋지게 각자 독립해 보자꾸나.

아들아, 방황해서 고마워.
정말 고마워.
그리고 사랑해.

· Chapter 2 ·

엄마의 반성

나쁜 엄마와 자유의지

• 자신의 인생에서 주인으로 살아가기 •

'나쁜 엄마'라고 스스로 말하기는 정말 싫지만, 사실 난 한 동안, 아니 애초부터 나는 '나쁜 엄마'였었다는 사실을 인정해야만 했다. 그래야 나 자신이 아직은 부족하지만 조금씩 더 나은 엄마가 될 수 있다는 걸 알고 있기 때문이다. 그리고 이제 다시는 그런 고달 픈 시간들을 반복하고 싶지 않았다. 나는 결혼 생활 20년 동안 누구보다 더 열심히 살아왔지만, '나쁜 엄마'라는 꼬리표를 떼어내지 못 한 체, 그 사실을 인정해야만 했다. 내게 결혼생활은 여러 가지 이유로 순탄치 못한 고된 나날들이었다. 지금은 예전보다 많이 편 안해지고, 행복한 하루하루를 만들어 가고 있다. 아침부터 저녁까지 열심히 일을 하고, 나 자신과 가족 모두를 위해 공부하고, 살림을 도맡아 하고, 최선을 다해 아이들을 키웠다. 타고난 그릇이 크지 못하여 나름대로 최선을 다해 끊임없이 노력은 하였으나, 너무 지치고 힘들 때면, 가족끼리 서로를 원망하며 싸우기도 하였다. 아이들을 향한 사랑을 어긋나게 표현하였고, 때로는 더욱 마음 아프게 표현하기도 하였다.

그 당시엔 일이 많아서 매일 밤 11시에 퇴근해서 집으로 돌아왔다. 처음엔 해 놓은 음식들을 잘 먹던 아이들이 점점 퇴근할 때까지 밥을 먹지 않고 있었다. 그런 아이들을 보면서 정작 아이들과의 행복한 삶을 위해서 이렇게 일을 하는 것인데, 정작 우리 아이들은 그 나이에 당연히 받아야 할 엄마의 따뜻한 돌봄도 못 받고, 엄마한테 꼭 배워야 할 수많은 습관들도 배우지 못하고, 엄마의 사랑도 충분히 받지 못한다는 생각에 다시금 슬펐다. 그 당시에는 육체적으로 너무 지치다보니 아이들이 식사를 안 한 것에 대한 안 좋은 마음을 오히려 슬픔과 한탄으로 표현했던 것 같다. '엄마가 누구 때문에 이렇게 열심히 일하는데! 저녁도 안 먹고 있냐?!'고 혼내면서 슬퍼했다. 다시 그 시간으로 돌아간다면, 아이들에게 더욱 사랑스럽게 엄마의 마음을 표현할 수 있을 것 같은데, 그 땐 그러지 못했다. 아이러니하게도 그러한 실수를 해 봤기에, 지금 아이들과의 관계에 대한 소중한 마음을 얻은 것 같기도 하다.

바깥 일로 힘들고 지쳐서 퇴근했지만, 나는 아이들에게 6학년이 될 때까지 잠자리에서 꾸벅꾸벅 졸면서도 꼭 책을 읽어주려고 노력했었다. 책을 읽다 졸고 있는 나를 깨우면서 계속 읽어 달라고 했던 아이들을 생각하면 지금도 환하게 웃음이 난다. 그래도 그 때까진 아이들도 나도 괜찮았던 것 같다. 아이들이 중학교에 들어가던 무렵부터는 많이 바빴다. 주말에도 한 번 쉬지 않고, 열심히 일만 했다. 이것이 우리 가족을 지키는 가장 중요한 일이라고 생각했었다. 결국은 밖에서 에너지를 다 쓰고 들어와서는 아이들의 마음을 잘 이해해주지 못하는 '나쁜 엄마'가 조금씩 되어가고 있었다. 아이들과 함께 인라인을 타고, 여행도 다니면서 많은 시간을 함께하고, 대화를 하고, 함께 공유하는 게 많다고 생각하면서 스스로를 '요란한 가족'이라 칭하면서, 그래도 나름 괜찮은 가족이라 생각하며 살아왔다. 그러나 삶이란 내가 원하는 대로 흘러가지는 않았다. 사춘기를 맞이하면서 아이들은 더 이상 이전의 말 잘 듣던 어린이가 아니었고, 나는 아이들과 씨름하는 것이 힘겨웠다. 결국 난 완벽한 '나쁜 엄마'가 되어버렸다.

아들아 방황해서 고마워

나쁜 엄마와 사춘기를 맞이한 아이들과의 하루하루는 모두에게 힘든 나날들이었던 것 같다. 아이들의 외침과 방황으로 나는 스스로에게 많은 질문을 던지기 시작했다. '나는 내 인생에서 주인으로 살아가고 있는가?' '자신의 인생에서 주인으로 살아간다는 것은 무엇일까?' '나는 누구인가?' '나는 왜 이런 삶을 살고 있는가?' 라는 질문으로 시작해서 결국 여기까지 왔다. 삶과 행복에 대해서 고민하다 보니, 우리가 행복하지 않고, 자꾸만 우울해지는 가장 큰 요인이 바로 우리가 자신의 인생에서 주인으로 살아가고 있지 않기 때문이라는 생각이 들었다. 그럼 자신의 인생에서 주인으로 살아가기 위해서는 어떤 삶을 살아야 할까?

우리는 보통 자신의 주변에 있는 남들처럼 살기위해서 우리가 할 수 있는 갖은 노력들을 다하며 열심히 살고 있다. 남들이 다 가니까 불안해서 대학교에 가고, 남들이 다 가는 대기업에 들어가기 위해 설레어야 할 대학생활은 스펙을 쌓기 위한 전야제로 전락해 버린다. 남들에게 풍족하고 행복한 모습을 보이기 위해서 철마다 해외로 여행을 다니고, 남편이 출장 갔다가 돌아오며 사다 준 명품 백을 남들에게 어김없이 자랑한다. 우리는 항상 자신에게 물어봐야 할 행복의 기준과 가치를 나를 알지도 못하는 남들에게 묻고 있는 격이다. '그런 우리가 정말 행복할 수 있을까?', '정말 우리의 삶이 만족스러울 수 있을까?' 그 해답은 우리 스스로가 잘 알고 있을 것이다.

내가 지금 남들처럼 하고 있는 일이 정말 하고 싶지 않은 일이라면 여러분은 다른 선택을 할 수 있을까? 나 같은 경우에 내가 정말 그 일을 하고 싶은 지 아닌 지에 대해서 의문조차도 갖지 않고 30년 이상을 살아왔다. 내 기억으로는 30대 중반이 되어서야, 나스스로 정말 절실히 원하는 일들이 생겨나기 시작했다. 내가 좋아하는 일을 선택하기 시작했고, 옳다고 생각하는 방향으로 나아가고자 하는 마음이 꿈틀거리기 시작했던 것 같다.

내가 정말 원하는 일을 할 때 뭔가 모를 마음속의 희열을 느낄 수 있다는 것을 그제야 느끼기 시작했다. 그럼에도 불구하고 내 마음속에 이미 자리 잡고 있던 제한된 기준과 두려움 때문에 나는 늘 내 마음보다는 타인의 시선에 신경이 쓰였다. 지금 생각해 보니, 난 내 삶의 주인이 아니었던 것이다. 바닥까지 떨어져 보니, 이젠 더 이상 물러설 곳도 없고, 두려움도 사라졌다. 그리고 바닥을 쳤으니, 이제 올라갈 일만 남았다고 생각이 되었다. 무엇이든

아들아 방황해서 고마워

내 자유의지로 선택하고, 내가 스스로 나를 위해 결정하고, 내 마음이 말하는 대로 내 삶의 주체로서 살아가고 싶다는 강한 열망이 나를 흔들기 시작했다. 마침내 나의 자유의지가 발현되기 시작한 것이다!

타인과 사회적 기준의
노예에서 벗어난 나

• 나 자신에게 끊임없이 질문하기 •

　세상에는 우리가 의식적으로 또는 우리의 의지로 개인이 스스로 만들어 가는 기준 보다, 이미 오랜 세월동안 먼저 살아온 사람들에 의해 만들어져 우리가 지켜 나가야 한다고 믿는 기준들이 더 많이 있다. 우리는 이미 만들어져 있는 그 기준으로 인해 스스로를 속박하고, 괴로워하고, 때로는 자책하고 슬퍼하기도 한다. 그 수많은 기준에 관한 것들 중에서 우리의 생활과 밀접하고 소소한 것들도 많다. 그 중 내가 떠올려본 몇 가지 예들은 남편과 아내의 역할, 학생들의 교복, 학생들의 화장과 염색 그리고 학교 등이다.

《남편과 아내의 기준》

　나는 20년 넘는 세월을 한 가정 내에서의 아버지와 어머니의 역할에 대한 고정관념과 기준에 얽매여 나 자신을 괴롭혀 왔다. 결혼을 준비하면서 내가 그렸던 결혼생활은 남편은 반드시 한 가족의 경제를 책임지고, 아내는 육아와 가사에 집중하면서, 경제적인 소득활동은 그저 남편을 조금 도울 수 있는 정도로 하는 것이었다. 아마도 우리 세대의 많은 사람들이 그것이 자연스러운 가족의 모습이라고 여겨왔고, 아직까지도 그 기준에서 생각하는 사람들이 많을 것이다. 하지만 지난 20년 간 세상은 우리가 상상할 수 없을 만큼 빠른 속도로 다양하게 변화해 왔고, 가족의 형태도 많은 변화가 찾아왔다.

　가족 구조적인 측면에서 보면 한 부모 가족, 미혼모 가족, 무자녀 가족, 노인 가족이 있고, 가족 구성원의 특성 측면에서 보면 재혼 가족, 입양 가족, 다문화 가족이 있다. 그리고 생활양식 측면에서 보면 부부 취업가족(맞벌이), 분거 가족(주말 부부 가족, 기러기 가족)이 있고, 탈 근대적 측면에서 보면 미혼 독신 가족, 동거 가족, 동성애 가족, 공동체 지향 가족 등이 있다. 이렇게 변화된 가족의 형태

속에서 가족 구성원 역할도 변화하는 것은 당연하다. 그런데 나의 생각의 기준은 수십 년 전에 형성된 전통적인 형태의 가족에 머물러 있었으니, 당연히 우리 가족에게 문제가 생길 수밖에 없었다. 나는 전통적인 아버지의 역할만을 생각하니, 가족의 경제를 온전히 책임지지 못하는 남편에 대한 원망이 끊이지 않았고, 떠밀리다시피 경제적인 가장 역할까지 하다 보니, 또 전통적인 엄마의 역할 기준을 충족하지 못하는 나를 발견했고, 그런 나 자신에 대한 원망과 아이들에 대한 미안함 등이 뒤범벅이 되어 나를 괴롭히고 있었다. 많은 엄마들이 이러한 기준으로 인해 현명한 아내이자 어머니의 역할을 강요받는 것이 아닌가 생각한다. 이제 변화하는 세상에 따라 우리는 스스로의 확고한 기준을 가지고 자신감 있게! 당당하게! 엄마 역할을 해 나가도 되리라 생각한다.

《교복의 기준》

우리나라 최초의 교복은 이화학당 여학생들의 다홍색 치마저고리와 배재학당 남학생들의 짧은 머리에 한복 바지저고리와 검정 두루마기였다고 한다. 그 이후 1982년에 두발 자유화가 시범 실시된 후 1983년부터 교복 전면 자율화가 이루어졌었다. 나는 중학교

　　　　　　　　　　　　　　아들아 방황해서 고마워

시절은 교복을 입지 않았었다. 그 당시 나는 복장으로 인해 학교에서 문제가 있었던 기억은 없다. 고등학교 2학년 때부터 학교 방침으로 교복 착용이 다시 시행이 되어, 졸업할 때까지 2년 동안 교복을 입었었다. 처음에는 안 입었던 교복을 입으니, 정장을 입은 듯 멋지다는 생각을 했지만, 학생 신분으로서 공부를 하거나, 활동을 하는데 불편함을 느꼈던 것 같다. 나와 친구들은 늘 교복 안에 체육복을 접어서 입고, 등교 시에 교문만 통과하면, 교내에서는 체육복으로 지냈다. 선생님들이 볼 때면 교복 안의 체육복을 접어 올려 숨기곤 했던 기억이 난다. 그 시절에는 한 교실에 60명의 학생이 움직일 공간도 없이 빽빽하게 앉아 수업을 듣던 열악한 시절이었고, 우리 스스로 무언가를 결정하며, 원하고 싶은 대로 꿈을 가지던 시절이 아니었다. 무엇을 하고 싶은지도 잘 모르던 시절이었기에 교복 착용 여부에 대한 학생들의 의견 같은 것은 묻지도 않던 시절이었다. 그게 당연한 줄 알고 정해진 규칙을 우린 열심히 지켰었고, 단 한 번의 의문도 갖지 않은 채, 교복의 불편함을 감내했다.

하지만 우리 아이들은 중학교를 들어가서 한 학기가 지나고 부터 교복에 대한 불편함을 얘기했다. 딸은 여학생용 셔츠와 치마에 대한 불편함과 겨울의 추위, 스타킹 착용의 불편함을 얘기했고, 아들은 셔츠, 넥타이, 조끼, 재킷 등이 모두 불편해서 가능하면 하나씩이라도 빠뜨리고 입으려고 했다. 그리고 교복을 제대로 착용하지 않아서 학교에서 매일 선생님들과 갈등이 생기고, 교복 미착용이 여러 번 걸리면서 선도위원회에 넘겨지기도 했다. 이전에 나는 아이들이 교복을 안 입어서 벌을 받는 것은 당연하다고 생각했는데, 그 이후에는 학교에 관한 많은 다큐멘터리와 책을 읽고 나서 나의 신념이 바뀌었다. 개인적인 생각이지만, 교복 착용 제도는 모든 중고등 학교에서 빨리 없어져야 하는 제도라 생각하게 되었다. 불편한 디자인과 옷감으로 제작된 교복은 아이들의 활동권과 신체의 자유를 침해할 뿐만 아니라, 비용 면에서도 부담이 크고(비록 지자체마다 지원이 있긴 하지만 번갈아 가며 입히려면 추가구매는 개인의 부담이다), 매일 매일의 등교 시 교사와 학생 간의 갈등 요소이다. 이것은 꽤 심각한 상황이라 생각한다. 하루를 교사와 학생이 갈등으로 시작하니 당연히 원활한 하루가 되기는 힘들 것이다. 실제로 경기도 성남시에 위치한 대안학교인 이우 중고등학교에서는 교복을 입지 않는다. 이우학교의 한 교사는 다큐멘터리 인터뷰에서 아이들이 교복을 안 입으니, 아침에 등교 시 아이들과의 갈등이 없어서 좋다고 했다. 현재 교복 문제가 공론화되고 있으니, 빠른 시일 내에 학생 통제와 관리의 미명 하에 시행되고 있는 교복 착용 제도가 사라지길 기도해 본다.

《학생의 화장과 염색의 기준》

　　요즘 여자 아이들은 초등학교 5~6학년만 되어도 기초 화장품에 관심을 갖기 시작한다. 그리고 교복에 이어서 중학교에서는 등교 시 선생님들과 학생들의 화장여부 가리기 시비가 벌어진다. 한번은 우리 딸이 노 메이크업으로 등교를 하는데, 얼굴이 너무 하얗다며 물티슈로 화장을 했는지 확인을 했다고 한다. 아이는 하지 않았다는 자신의 말을 믿어주지 않는 선생님에게 실망을 한 눈치였다. 그 후로 몇 년이 지난 지금은 중고등학교 학생들의 화장은 단속의 기준이 애매하고 일일이 가려내기 어려운 면이 있다며, 학교에서도 단속의 정도가 많이 약해진 듯하다. 나도 딸내미가 화장을 처음 시작했을 그때쯤에는 많은 고민을 했다. 한번은 명절에 고향에 계신 할머니와 할아버지를 뵈러 갈 때, 화장을 지우고 가자는 말을 따라주지 않는 딸 때문에 갈등이 있었던 적도 있었다. 그렇지만 이제와 다시 생각해보면 본인들이 원하는 것을 표현하고 발산하고자 하는 욕구가 있는 아이는 오히려 더욱 건강한 아이일지도 모른다. 그리고 서투른 화장도 반복해서 하다보면 자신한테 맞는

적절한 화장법과 정도도 알아갈 것이라고 생각한다.

염색 얘기를 꺼내자면 갑자기 웃음이 난다. 방학 때 염색을 하고 개학을 하면 다시 흑발로 염색을 하는 아이들을 보면서, '왜 그런 쓸 데 없는 짓을 하냐?'고 얘기를 했지만, 결국은 방학 때마다 아이들은 염색을 하고, 학기가 되면 또 다시 흑발로 염색하는 것을 반복했다. 딸내미는 고등학교 입학 전 겨울에는 탈색을 하고 빨강 반, 파랑 반으로 염색을 하고서는 묶을 때는 태극마크라며 자기의 염색 실력을 뿌듯해했다. 3년 쯤 지나면서 나도 적응이 되어 태극머리 딸이 그렇게 불편하진 않았다. 아들도 고등학교 입학을 앞두고, 누나의 뒤를 이어 탈색을 해 노랑머리 총각이 되었었다. 스스로 해 볼만큼 해 본 아이들은 더 이상 유별나게 염색을 하지는 않는다.

3년 전만해도 나는 다른 이들의 기준과 시선에 민감했고, 그들이 우리 아이들을 편견으로 대할까 걱정이 되어 전전긍긍하며 아이들을 말렸다. 이젠 파랑머리, 노랑머리도 예뻐 보인다. 서울 지역의 58.3%의 중고등학교가 2020년부터 염색을 허용하기로 했다고 하니 이제 염색으로 인한 아이들과의 갈등은 점점 줄어들

아들아 방황해서 고마워

듯하다.

《학교의 기준》

이제부터 학교의 기준에 관한 얘기를 해보려 한다. 나는 초중고 다니는 동안 연탄가스를 마셔 병원에 실려 가서 죽을 뻔했던 날, 그 하루 빼고는 학교에 결석을 해본 적이 없다. 그리고 그것을 무척이나 뿌듯해하며 살아왔다. 나의 성실함과 건강함의 상징인 것처럼 생각했었다. 그래서 나는 학교를 지각하거나 결석하는 것은 아주 큰 일이 나는 것처럼 생각했다. 그때의 학교에 관한 나의 기준은 그러했다. 누구나 반드시 다녀야 하는 곳이며, 무슨 일이 있어도 지각이나 결석을 해서는 안 되는 곳이었다. 그런데 아이들이 중학교 2학년이 되면서 부터 학교를 지각하기도 하고, 딸내미는 생리통으로 인한 결석이나 조퇴가 가능한 제도를 적극적으로 활용하고 싶어 했다. 그런 딸에게 원칙이 중요했던 무지막지한 엄마는 어떻게 했겠는가? '우리가 학교 다닐 땐 아파도 참고, 학교에 가서 양호실 갔다.', '엄마는 한 번도 그걸 핑계로 학교나 직장을 빠져본 적 없다.', '그렇게 성실해야 세상을 살아갈 수 있다.' 등등 우리 세대의 기준으로, 나의 기준으로 아이를 훈육하였다. 이미 이 아이들은 우리랑 다른 세상을 살고 있는데 말이다! 시간이 한참 지나고 나서, 나는 그 시기의 딸의 마음을 몰라줘서 미안한 마음이 들었다.

디지털 혁명으로 인한 환경의 변화뿐 아니라, 우리나라의 시험 중심의 특수한 공부에 대한 인식으로 인해 학교의 역할이 많이 변화하였다. 공교육에서 벗어나면 큰일 나는 줄 알았던 우리 세대이지만, 이러한 교육 환경의 변화로 공교육에 대한 의문을 가지고 대체 방법들을 알아보기 시작했다. 수많은 대안학교들이 등장했고, 여러 가지 요인들로 인해 학교를 벗어나는 아이들이 많아지기 시작했다. 우리 딸도 음악을 한다고 고등학교 1학년 한 학기를 다니고 학교를 그만 다니게 되었다. 딸에게는 자신만의 확고한 목표가 있기에, 그리고 그동안 딸이 음악을 하기 위해서 해 온 갖은 노력을 알기에, 나는 큰 고민 없이 딸을 지지해 주기로 했다. 그러나 학교 밖에 청소년에 대한 사람들의 시선은 그리 좋지가 않다. 그것 또한 딸과 우리 가족이 목표를 향해 가기 위해 어쩔 수 없이 감당해야 할 부분이라 생각한다. 아이들이 학교를 안 다니면 큰 일 나는 줄 알았던 꽉 막힌 엄마가 그 기준에 대해 의문을 갖고, 스스로 변화하기까지는 쉽지 않은 긴 시간들이었지만, 나는 지금 후회

아들아 방황해서 고마워

하지는 않는다. 인생을 꼭 한 방향으로만 가라는 법은 없다고 생각한다. 아이가 좀 더 어려운 길로 가더라도, 자신을 믿고 나아갈 수 있도록 지지해 주는 것이 부모의 역할이라 생각한다.

이렇게 우리들은 기존의 관념적 기준들에 의해 제한적인 사고를 가져왔다. 우리가 원해서 정한 기준도 아니고, 왜 그런 기준이 생겼는지도 모른 채, 아무런 의문 없이 그 기준을 따라가는 것은 우리 삶을 버겁게 만들 뿐이다. 수십 수백 년 동안 계속 되어온 기준들에 대해 '이 기준은 왜 생겼는가?', '이 기준이 아직도 괜찮은 것일까?'라는 질문을 스스로에게 해 보도록 하자. 지금 우리에게 괜찮지 않은 기준이고, 변화되어야 하는 기준이라는 생각이 우리 안에 있다면, 적극적으로 우리의 생각과 행동의 기준을 바꾸어 보자. 세상에 영원한 기준은 없다고 생각한다. 모두가 인간답게 살 수 있는 기준이라면 더 좋지 않을까 생각을 해본다.

우리는 다른 사람들이 나를 주시하고 있다고 생각하지만, 정작 우리를 보고 있는 것은 타인이 아닌 바로 자기 자신이다. 우리가 생각하는 것보다 남들은 우리에게 별 관심이 없다. 타인의 눈에서 자유로울 수 있다면 많은 것이 달라진다. 나 자신의 '철학'과

'삶의 가치'를 만들어 간다면 타인의 눈과 타인의 평가는 나를 많이 힘들게 하지 않을 것이다. 나의 부모님은 늘 자식들을 볼 때 마다, "제발, 평범하게만 살아라!"라고 말씀하셨다. 거기엔 그럴 만한 이유가 있었다. 학창 시절에 부모님 걱정 한 번 안 끼치고, 열심히 공부하여 최고의 대학에서 입학을 한 동생이 대학 시절 학생 운동을 하느라 수배를 당하고, 몇 년을 쫓기어 살기도 하고, 구치소에 수감되기도 했었으니, 그 어려운 시절을 지낸 부모님들은 이제 자녀들이 남의 눈에 띄어 고생하는 것 보다는 조용히 평범하게 사는 것이 최고라고 생각하시는 건 당연한 일이 아닐까 생각한다. 사실 나도 그랬었다. 40년 이상을 난 남들이 보기에 평범한 삶을 살 것이라 꿈꾸었고, 또 그렇게 살게 될 줄 알았다. 평범하게 살기 위해서 부모님들께는 항상 잘하고, 성실하고 착한 아내가 되고, 아이들을 위해 좋은 엄마가 되고, 주변 사람들에게 인정받는 사람이 되고 싶었다. 그런데 그렇게 열심히만 살면 안 된다는 것을 남편과 아들의 방황으로 깨달았다.

그냥 열심히만 살면 안 된다. 그렇다면 어떻게 살아야 하는 걸까? 남들이 보기에 좋은 모습의 나로 살아오다가, 상황이 원하는 대로 흘러가지 않으면 내 마음은 모래성처럼 와르르 무너진다. 뒤

아들아 방황해서 고마워

늦게 다른 이들을 탓해 보아도, 그 누구도 내 마음을 헤아려 주지 않는다. 이제부터라도 우리는 내 마음이 말하는 대로 내가 원하는 대로 살아야 한다. '내가 정말 원하는 것은 무엇인가?', '내 삶에 가장 중요한 가치는 무엇인가?', '나는 내 행복의 주인인가?', 아니면 '나는 타인의 시선으로부터 자유롭지 않은 노예인가?', '나는 나의 철학을 실행해 나갈 충분한 용기를 지녔는가?' 끊임없이 질문해 보아야 할 것이다.

03

잘못 길렀다고 자책하지 말자.

• 지금까지 온 길은 모두 괜찮다고 위로해 주기 •

'아이의 영혼은 하늘과 직거래를 하는 것'이라는 김 미경 강사의 말에 위로를 받아본다. 범죄자의 아들도 그 환경을 극복할 깨끗하고 착한 영혼을 가지고 태어날 수도 있고, 정말 착하고 정직한 엄마에게서도 많이 방황하는 영혼이 태어날 수도 있다. 열심히 살아온 엄마들은 더 이상 아이를 잘못 길렀다고 자책 말자. 착실하게 공부를 잘하고 보편적인 기준안에서 성공하는 아이들을 잘 길렀다고 생각하지만, 지금 방황하는 우리 아이가 바닥을 치고 다시 제자리로 돌아와 더 잘 자리를 잡을 수 있도록 도와주는 것이 부모의 역할이다.

아들아 방황해서 고마워

아이들이 디지털 환경에서 방황하는 정도가 강해지고, 비정상적인 행위를 하게 되는 것은 호르몬의 변화와 뇌의 발달 상태가 크게 영향을 미친 탓이다. 우울증이 청소년 시기에는 성인과 다르게 나타난다고 한다. 어른들은 슬프고 기운이 없어 보이는 반면, 십대들(특히 남자아이들)은 자기 방에 틀어박히고, 사람들에게 쉽게 짜증을 내고, 자기비판을 하고, 모든 일에 좌절하고, 분노가 많아지는 등 더욱 다양한 증상으로 나타난다. 청소년 시기에 우울증 증상은 이들이 겪는 다른 발달과 행동상의 변화에 가려져서 진단이 늦어지기도 한다고 한다. 그리고 수면과 식성의 변화도 우울증의 일부일 수 있다고 한다. 우울증에 시달리는 십대의 다수가 친구나 가족과의 관계가 힘들어지고, 학업도 어려워지고, 범죄나 자살의 위험이 급격히 높아지는데도 불구하고, 필요한 도움을 받지 못하고 있다. 나도 아들의 방황을 겪기 전에는 이런 청소년의 방황에 대한 얘기들은 남의 얘기로 알고 평생을 살게 될 줄 알았다. 하지만 이런 상황은 어느 부모나 겪을 수 있고, 부모라면 이런 상황을 마주했을 때, 문제의 늪에 빠지지 말고, 그 문제를 해결할 수 있는 마음의 힘을 키워야 한다. 아이들이 방황하는 것은 마음의 문제가 분명히 있기 때문이고, 어른들은 아이들의 마음에 관심을 가져야 한다.

아들의 방황으로 문제해결의 실마리를 찾고 싶었던 나는 여러 가지 방법으로 공부를 했다. 그 중 가장 많이 의존했던 것이 독서이다. 처음에는 '사춘기'와 '학교'를 주제로 한 책들을 주로 읽기 시작했지만, 관련된 서적을 더 많이 읽을수록 '사춘기'의 문제는 오로지 '사춘기' 한 시기의 문제만이 아님을 절실히 느꼈고, 읽는 책들의 영역이 점점 넓어지기 시작했다. 영역을 넓혀가며 읽었던 책 중에 한 권이 '수 클리볼드'의 『나는 가해자의 엄마입니다.』라는 책이었다. 사실 아들로 인해 '선도 위원회'와 '학교 폭력 위원회'에 불려가게 된 나는 아이들을 '가해자'와 '피해자'로 나누고, 폭력이라는 단어를 너무나 가혹하게 적용시키는 학교의 시스템에 회의를 느꼈던 차에 도대체 누가 '가해자'이고 누가 '피해자'인가 의문을 갖기 시작하면서 도서를 검색하던 중 이 책을 발견하게 되었다. 이 책을 읽으면서 나는 청소년기의 방황과 뇌의 관련성에 대해서 처음으로 깊게 생각해 보기 시작했다.

1999년 4월 20일 '미국 콜로라도 주'에 있는 '콜럼바인 고등학교'에서 학생 두 명이 학교에서 총기를 난사해 학생과 교사 13명을 죽이고 24명에게 부상을 입힌 후 자살한 사건이 있었다. 『나는 가해자의 엄마입니다.』라는 이 책은, 총격 사건의 두 가해자 중 한

명인 '딜런 클리볼드'의 엄마였던 '수 클리볼드'가 아들 '딜런'이 사건을 벌이기까지의 17년, 또 사건 발생 후 17년, 총 34년간의 일들을 정리한 책이다. 도저히 이해할 수 없는 인간의 근원적인 폭력성과 마주한 한 인간이 그것을 이해하고, 설명하고, 또 예방하기 위해 최선을 다해 쓴 책이다. 나는 그 책을 읽는 내내 마치 내가 그 아이의 엄마가 된 것처럼 슬픈 마음으로 읽어내려 갔다. '수 클리볼드'는 이 세상 모든 가족들이 조금 더 안전한 세상에서 살기를 원했다. 그리고 아이들의 우울증과 뇌 건강에 관련하여 학습하고, 우리가 미리 그 불행을 예방할 수 있기를 원했다.

육아에는 정답이 없다. 우리는 늘 우리의 양육 태도를 되돌아보고, 고민한다. 육아 전문가들은 자신 있게 아이에 대해 설명을 하고, 상황에 따라 어떻게 대처해야 하는 지 조언을 해 준다. 우리는 온갖 육아서에서 자녀교육에 성공한 엄마들이 자신들의 양육 방식을 정답인 것처럼 피력한다. 하지만 아이들은 서로 모두 다르고, 내 아이도 다른 아이들과 다르다. 그럼에도 불구하고, 우리는 흔히 얘기하는 '보통 아이'의 틀에 맞추어 우리 아이를 바라보고, 그 기준에 맞추어 잘 크고 있는지 판단한다. 아이가 '보통 아이'라고 간주되는 '트랙' 위에 있다면, 우리는 아이에게 어떤 문제도 있지 않다고 판단하게 된다. '딜런'과 그의 엄마 '수'는 그녀의 책에서 평범하기 그지없는 우리의 아이들과 엄마들의 양육방식을 보여주고 있었다. 이 책은 모든 부모들이 운명 공동체라는 것을 일깨워주고 있다. '내가 아이를 어떻게 잘 키워가고 만들어 갈 것인가?'가 아니라, '우리의 아이들이 행복한지? 안녕한지?'에 나의 존재가 위태로이 직결되어 있음을 일깨워 준다. 아이를 '이상적인' 모습과 비교하며 그렇게 되기를 소원해 왔던 우리가 얼마나 어리석은지를 깨닫게 해주는 책이었다. '수 클리볼드'는 사랑스러운 아들이 끔찍한 범죄를 저지른 것을 힘들게 받아들이고, 피해자들에게 깊은 참회를 하면서, 남아있는 끔찍한 현실과 십자가를 지고 걷는 듯 뼈를 깎는 고통스러운 경험을 긍정적 에너지로 바꾸어 사회에 기여하게 된 것이다.

육아의 모든 책임을 부모에게 돌리는 문화 속에서 아이를 키우면서 불안하고 답답한 부모들이 많을 것이다. 아이가 잘못을 하면, 부모가 죄인이 되는 풍토 속에서 죄인처럼 살아가는 부모들이 많을 것이다. 주디스 리치 해리스의 '양육 가설The Nurture Assumption: Why Children Turn Out the Way They Do'이라는 책에서는 부모는 아이의 성격이 결정되는 데(유전적인 영향을 제외하면) 별 영향을 미치지

아들아 방황해서 고마워

않으며, 아이들은 집 밖에서 또래들과 함께하는 환경 속에서 사회화되고, 성격을 형성한다고 주장한다. 이제 육아의 책임은 더 이상 가정에서만 있는 것이 아니다. 부모와 학교와 사회가 다 같이 아이들을 키운다고 생각해야 한다. 내 아이만 잘 되면 된다는 이기적인 육아에서 벗어나고, 서로의 고통과 상처를 함께 수용하고 이겨낼 수 있도록 돕는 다면, 공동체의 구성원 모두가 더욱 건강하고 행복할 수 있지 않을까 생각한다. 그리고 부모들은 이제 더 이상 오래된 과거의 교육에서 얻어진 자신들의 기준으로 아이들을 판단해선 안 된다. 그리고 그 오래된 기준을 가지고 가축몰이 하듯 아이들을 몰고 가서는 안 된다.

아이들이 사춘기가 오고, 1~2년 사이에 많은 변화가 생겼다. 우리 딸과 아들은 다른 아이들보다 개성이 강한 것 같다. 교복을 입기 싫어서 나와 매일 아침 씨름을 하고, 살면서 쓸모가 없다며 수학 공부를 완강히 거부하였다. 오랫동안 우리 아이들의 영어를 가르쳐 온 나는, 분명히 우리 아이들이 학습 능력이 없는 아이들이 아니라는 것을 알고 있었는데, 중학교에 들어간 지 1년이 지나고 난 후에 두 아이는 모두 수학을 포기했다. 수학을 포기한 두 아이는 현저하게 학습에 대한 의욕을 상실하였다. 영어를 제외한 모든 과목에 흥미를 잃었고, 간혹 관심과 용기를 주시는 선생님들의 과목에서만 약간의 의욕을 보였다.

첫째인 딸도 사춘기를 겪으면서 온몸으로 자신을 표현하였고, 둘째인 아들은 친구들과의 관계에 집착하면서 밖으로 돌기 시작했다. 결국 아들은 2학년 1학기 기말고사를 치르는 무렵부터 무단가출을 하기 시작하고, 여름방학 내내 폭풍처럼 방황을 시작하더니, 2학기를 시작하고 2달 동안은 집을 며칠씩 안 들어오고, 수업시간에 학교를 이탈하고, 칠 수 있는 사고는 다 치고 다니게 되었다. 그 모든 일이 너무나 순식간에 시작되고 진행이 되었다.

아들이 중학교 1학년 때 까지만 해도, 아들에게 그렇게 극단적인 일들이 일어날 것을 상상도 하지 못했었다. 난 아이들에게 공부만을 강요하는 엄마는 아니었지만, 내심 아이들이 공부를 못하지는 않을 것이라는 기대는 하고 있었던 것 같다. 그래서 아이들이 처음으로 공부에 손을 놓기 시작했었을 때에는 많이 놀랐고, 크게 실망했고, 갑자기 화도 났었고, 많이 슬퍼했던 것 같다. 그 당시 내 잠재의식 속에는 아이들의 방황과 학업부진이 일하는 엄마인 나의 탓으로 돌아올 것에 대한 두려움이 어느 정도 있었던 것 같다.

아들아 방황해서 고마워

그리고 아이들의 성적이 떨어질수록 실망을 했고, 딸내미가 화장을 짙게 할수록 다른 이들이 어떻게 생각할지를 신경을 썼고, 아들의 방황을 지인들에게 보이는 것이 두려웠다.

　매일 밤 퇴근해 돌아오면, "나는 정말 복도 없지. 부모님 덕도 못 보더니 남편도 나를 힘들게 하고, 이젠 아이들까지……" 이 세상에서 내가 가장 운이 없고, 가장 불쌍한 사람처럼 느껴졌었다. 그러나 아들의 방황이 계속되면서 그런 생각조차도 사치스럽게 느껴졌다. 아이가 정상적인 궤도로 돌아올 수 있는 방법을 어떻게든 찾고 싶었다. 아들의 방황은 '나를 부모로서 성장시켜 주기 위해서 시작이 된 것이 아닐까?'하는 생각이 문득 들었다. 난 그것을 깨닫고 나서 스스로를 반성하기 시작했고, 아이에게 엄마로서 부족했던 지난날의 나에 대해 진심어린 사과를 했다. 모든 것을 솔직하게 인정을 하고 나니, 나 스스로를 용서할 수 있었고, 더 이상 나 자신을 자책하지 않기로 했다. 게다가 더욱 놀라운 일은 아들의 방황으로 서로를 원망하며 자주 다투던 우리 부부가 서로에게 조금 씩 양보하기 시작했다. 난 더 이상 남편을 원망하기 보다는 아들이 자신의 삶을 되찾도록 돕기 위해 우린 더욱 사이좋은 부부가 되기로 결심했다.

사람은 누구나 잘 살고 싶어 하기 때문에 방황하는 아이들도 분명히 변화하는 날이 온다. 행복하게 잘 살고 싶지 않은 사람은 아무도 없다고 생각한다. 그리고 아이의 방황은 엄마만의 잘못은 아니다. 자책하느라 앞으로 행복할 수 있는 우리 아이와 나, 우리 가족의 삶을 쓸데없이 낭비하지 않도록 하자. 그리고 우리는 모두 변화할 수 있다. 모든 이의 행복을 위한 세상을 염두에 두고, 우리가 많은 사람들을 위한 선을 함께 실천한다면, 우리 모두 행복할 수 있다. 이상주의처럼 들리겠지만, 그것이 우리 인간의 본능이라고 생각한다. 사람은 사람과 어우러져 울고, 웃고, 싸우고 토닥여 주고, 돕고 그렇게 살아야 하는 '마음'이라는 것을 가진 존재이다. 아이가 지금까지 온 길을 보며 자책하는 엄마는 되지 말자. 지금 부터라도 아이가 엄마에게서 사랑을 보고 느낄 수 있고, 따뜻함을 느낄 수 있도록 해주자. 아이가 지금까지 온 길은 모두 괜찮다고 위로해 주자. 원래 나쁜 아이는 없고, 모든 아이들은 변화할 수 있고 꽃 필 수 있다.

　　　　　　　　　　　　　　　아들아 방황해서 고마워

04

수학을 포기한 아이들과
완벽한 부모

• 자녀의 인생에 개입하지 않기 •

EBS 10부작 다큐멘터리 '다시, 학교' 7부에서는 수학이 불안한 아이들을 주제로 다루었다. 우리나라는 '국제 학업성취도 평가 PISA' 수학 과목에서 늘 상위권을 유지할 만큼 수학 강국으로 꼽히지만, '수학 흥미도'나 '수학 자신감' 부분에서는 늘 하위권을 기록하고 있다. 그 이유는 우리 아이들의 높은 '수학 불안도' 때문이라고 한다. 그래서 이 다큐 편에서는 우리 아이들은 왜 수학을 무서워하고, 불안을 느끼는 지 원인을 찾아 나선다. 사실, 중고등 학교를 거쳐 수능을 치러본 사람이거나, 수능을 본 자녀를 길러본 부모라면 너무나 확실하게 알 수 있는 원인인데 찾아 나선다니 좀 우습기도 했다.

　우리 아이들의 수학에 대한 불안감의 원인은 기본적으로 수능과 중고교 수학 학습과정 난이도가 너무 높다는 점과 단시간에 많은 문제를 풀어야 하기 때문에 기본적인 원리를 이해할 수 있는 시간과 기회가 주어지지 않는다는 점이며, 그 시스템 상의 문제점을 개선하려는 공교육의 방향이 없고, 수학 학습의 모든 문제를 사교육에 맡겨버렸다는 점이 가장 큰 문제점이다. 그러한 명백한 이유가 있는데도 교육부도, 선생님들도, 부모들도 개선해보려는 의지를 가지기 보다는 현재의 시스템에 적응시키기 위해 아이들을 벼랑 끝으로 몰고 있다고 생각된다. 아이들은 문제의 패턴을 익혀서 문제를 푸는 연습을 할 뿐 스스로 문제해결을 위해 필요한 원리나 공식을 찾아 적용시키는데 큰 어려움을 호소한다. 그렇게 공부할 기회를 가져보지 못했기 때문이다. 그 결과 너무나 어이없게도 초등 36%, 중학생 46%, 고등학생 60%가 수학을 포기한다. 대학 진학을 위해서 수학 성적이 중요해서 80% 정도의 학생들이 사교육으로 수학 선행을 하는데, 결국 고등학교에 가서 60%의 학생들이 수학을 포기한다는 것은 정말 어이가 없는 결과이고, 여러 측면에서 우리 사회와 가정의 경제적 정신적 손실을 의미한다.

수학 공부의 포기는 모든 학습의 포기로 이어진다. 수학 공부가 많은 아이들에게 어린 나이부터 배움을 포기하는 계기가 될 뿐만 아니라, 학교의 건전하고 건강한 배움의 문화를 해치는 요인이 되고 있다는 다는 생각을 떨쳐낼 수가 없다. 중학교 2학년 1학기 중간고사를 처음 치른 아이들은 첫 시험 결과가 변할 수 없는 자신의 인생의 결과라고 단정하며, 자신의 위치를 정해버린다. 현재 공부를 해 나가는 과정 중에 있을 뿐이고, 배움을 통해 알아가는 즐거움을 느껴야 할 아이들이 단 한 번의 성적으로 자신의 위치를 정해버리고 마는 것이다. 물론, 아이들마다 조금씩 다르게 변화하고, 발전하기도 하지만, 수학을 포기한 60%의 아이들이 자신이 좋아하고, 자신에게 맞는 배움을 할 수 있는 교육의 장이 절실히 필요하다.

　　가족이 아닌 사람들이 멀리서 보면 별일 없고 행복해 보이는 가정도, 가까이 클로즈업하면 모두 갈등이 있고, 그 갈등의 요인은 너무나 다양하다. 그 갈등들은 모두 가족이기에 겪는 어려움들이다. 가족마다 요인도 다양한 만큼 해결 방식들도 다양하고, 그 과정에서 겪는 어려움들도 다양하다. 한 때는 아이 셋을 모두 명문대에 진학시키거나 아이비리그에 진학시키는 등 자녀 교육에 굉장히 성공했다는 부모들의 강연이나 책들이 인기가 많았었다. 지금도 물론 많은 부모들은 자녀의 성공적인 진학이 곧 자녀교육의 성공이라고 믿고, 그것을 모델로 삼으려고 한다. 하지만 디지털화로 인한 아이들의 교육 환경의 변화가 급속하게 일어나고 있는 현재 상황의 부모들은 자녀 양육에 대한 가정과 부모의 역할에 한계를 느끼기도 하고, 많은 어려움을 겪고 있다. 나도 그러한 부모들 중 한 명이다. 내가 겪은 경험들을 다른 많은 부모들도 겪어 나가고 있고, 앞으로 겪어 나갈 것이라 생각한다. 이런 디지털 과도기의 부모로서 살아간다는 것이 얼마나 어려운지, 그 과정 중에 우리가 범할 수밖에 없는 오류들은 무엇인지, 다른 부모들과 공유하고 함께 공부하여 미래에는 부모들이 이 불안정하고 대비되지 않은 디지털 시대에서 겪은 어려움을 더 이상 되풀이하지 않기를 바란다. 아니 바라는 선에서 머무르지 않으려 한다. 아이도 엄마도 모두 건강한 사회를 만들어 가는 노력을 함께하길 바라본다. 그리고 구체적으로 그것을 위한 실천을 해 나가고자 한다. 대비되지 않은 디지털 환경에서 아이들이 건강하고 행복하게 성장할 수 있도록 지속적으로 노력을 하고, 그럼에도 불구하고 단단한 마음으로 행복한 엄마로 자리를 지킬 수 있도록 우리 서로를 따뜻하게 격려할 수 있기를 바란다.

아들아 방황해서 고마워

아이들도, 부모인 우리도 처음 접해본 이 디지털 시대를 살아가는 데는 정답도 없고, 아직 명확히 만들어진 기준도 없다. 우리는 이전의 그 어느 시대보다도 아이들에게 부족한 부모로 살 수밖에 없다. 자녀를 좋은 대학에 진학시키고, 좋은 직장에 취직시켜야 자녀 양육에 성공하는 시대는 아닌 것이다. 가까운 일본에서도 우리와 비슷하게 자녀가 학업에 충실하지 않거나 뛰어나지 않으면, 집안의 불명예로 생각하는 관습이 있다고 한다. 그러나 이제 세상이 급격하게 변하고 있다. 아이들은 부모와 집안 환경에 의해서만 성장하는 것이 아니고, 여러 가지 다른 환경과 다양한 삶의 방식에 노출이 되어 있고, 아이들은 스스로 세상을 탐색하고 싶어 한다. 그들은 자신이 몰랐던 세상 너머를 탐색하며 더 멀리 나아가고 싶어 한다. 그러한 아이들의 호기심이라는 그물에 좋은 것들만 걸려들면 좋겠지만, 그렇지가 않다. 부모인 우리는 당연히 아이들에게 나쁜 것은 모두 걸러서 보여주고 싶어 한다. 그렇지만 그건 불가능하다! 그렇다면 우리는 부모로서 어떻게 아이들에게 도움을 줄 수 있을까? 세상에 정해진 정답은 없다. 그러나 우리 모두는 아이들에게 가장 진심으로 대할 수 있는 진정한 부모이다. 세상에 자기 자식들에게 진심이 아닌 부모는 없다.

우리가 좀 더 나은 부모가 되기 위해서는 자식이 엎어지는 것도 묵묵히 지켜봐 줄 용기와 인내가 있어야 한다. 자식이 엎어질까 노심초사 두려워하는 것은 자식에게 도움이 되지 않는다. 우리는 모두 자식이 더디 갈까, 실패할까, 낙오될까 걱정되어 자녀의 인생에 자주 개입하는 오류를 범한다. 물론 아이들이 어느 정도 성장할 때까지는 부모의 긍정적인 개입이 필요하다. 하지만 사춘기를 맞이한 아이들에게는 우리의 개입을 점점 줄여 나가고, 스스로 선택하고 책임지는 과정을 겪을 수 있는 기회를 주어야 한다. 한 번 엎어져 본 아이가 더 크게 성장할 수 있다. 자녀가 엎어지고 넘어질 때마다 손을 잡아 끌지 말고, 혼자 스스로 할 수 있다는 용기를 주고, 믿어주고, 기다려주자. 그리고 무엇보다 그것을 극복할 수 있는 힘이 생기도록 아이들에게 아낌없는 사랑을 표현해주자. 사랑은 모든 것을 극복할 수 있는 에너지의 원천이다. 우리가 좀 더 고민해야 할 것은 어떻게 사랑을 표현해야 아이들이 스스로 삶을 이끌어 갈 수 있는 아이들이 될까 하는 것이다. 자녀가 지름길로 가지 않고 멀리 돌아가고 있어서 부모들은 불안할 수도 있다. 자녀가 심하게 흔들리고, 엎어지고, 일어나는 것을 반복하고 있어서 안타까울 수 있다. 그런 상황에도 타인들을 의식하고, 부족한 부모로 비칠까 걱정하지 말자. 타인들의 생각과 판단은 잠시 접어두자. 어느 누구

아들아 방황해서 고마워

도 자식들에게 완벽한 부모는 될 수 없다. 지금까지 뜻하지 않게 길을 잘못 들어섰다면, 지금부터 제대로 된 길을 찾아 나서면 된다. 진심을 담아서 아이를 사랑해주고, 믿어주고, 기다려 주자.

달리 생각하는 아이 의논하고 지지해주기

자식이 고등학교 진학을 포기하는 것이 엄마의 잘못이라고 생각하지도 마시고, 다른 이들의 질타에 속상해하지도 않으셨으면 좋겠어요. 급변하는 세상 속에 아이들마다 다른 선택을 할 수도 있고, 평범하게 조용히 다른 이들 가는 길로 가는 것만이 정답이 아닐 수도 있다고 생각합니다. 아이들이 방황하고 남들보다 조금 더 늦게 돌아가더라도 아이가 스스로 선택하고, 경험하고, 느끼는 것이 중요합니다. 잘못된 길을 갔을 때, 또다시 수정해가면서 자신의 인생을 살아갈 수 있도록 기다려 주고, 믿어 주시는 건 어떨까요? 엄마가 두려워하고 흔들리면 아이는 더 이상 설 곳이 없을 거예요. 파이팅입니다.

– 세상이 학교인 자녀를 둔 부모의 모임 (어느 부모님의 글에 대한 나의 답변)

05

엄마를 평가하는 세상
그리고 엄마가 보고 싶다.

• 아이를 하나의 인격체로 존중해주기 •

어릴 적부터 아이들의 성적이 곧 엄마들의 지위인 것처럼 엄마들 사이에는 암묵적인 규칙이 있는 것을 보아왔다. 지금도 그런 현상은 여전한 것 같다. 부유한 집 엄마나, 공부 잘 하는 친구들의 엄마를 중심으로 모임이 형성이 되고, 형편이 어렵거나 아이가 두각을 나타내지 못하는 집의 엄마들은 조용히 뒤에서 지켜보는 역할을 하는 것 같다.

'엄친아 (엄마 친구 아들)', '엄친딸(엄마 친구 딸)'이라는 신조어를 만들며, 그러한 현상에 대한 비판을 하거나, 부모가 달라져야 교육이 달라진다고 얘기하는 사람들도 종종 있지만, 당장 그런 공부를 잘하는 친구들의 방법을 따라야 성적이 나오고, 대학을 진학할 수 있을 것 같은 불안함은 여전히 부모들의 마음을 '빡센' 사교육으로 향하게 한다. 그러니 더욱 더 좋은, 효과 있는 사교육을 쫓아다니는 부모들의 마음을 나무랄 수만은 없다. 하지만 언제까지 그러한 흐름에 휩쓸려 다녀선 안 된다. 아이들은 모두 다르기 때문이다. 그러한 방법이 효과가 있는 아이들도 있지만, 그렇지 않은 아이들이 대다수라는 것을 우리는 잊지 말아야 한다. 아이들의 재능은 아주 다양하고, 관심사도 아주 다양하다. 그리고 앞에서 언급한 바 있듯이, 아이들은 어른들이 원하는 대로 자라는 것이 아니다.

중학교 1학년 정도 까지는 아이들이 부모의 말에 잘 따를 수 있다. 하지만, 아이가 진정으로 원하는 것이 있거나, 정말 공부를 하기 싫다면, 중학교 2학년부터 시작해서 고등학교 시절, 또는 대학교 시절에 아이들은 자기의 의지를 강력히 표출하게 될 것이다. 중학교 2학년인 우리 아이가 내 말을 잘 따라 열심히 공부를 하고 있다고 모든 것이 충족이 되고 있다는 생각은 버려야 한다. 아이가 원하는 것을 찾아가는 과정을 만들어가야 한다.

우리 아이들은 중학교 2학년을 맞이하여 일찍부터 강렬히 자신들이 원하는 바를 표출하였기 때문에 나는 아이들의 인생에 대해 깊이 고민하며, 많은 사람들을 만나면서 다양한 사람들의 이야기를 들을 수 있었다. 부동산 사업을 하시는 한 아주머니는 딸이 고등학교 2학년이 되던 해, 학교에서 전교 1~2등 하던 딸이 갑자기 학업을 중단하고 아프리카 TV BJ가 되겠다고 선언을 하였다고 한다. 1년을 몸 져 눕고 울면서 말려보려 했지만, 딸은 결국 BJ로 자리를 잡았고, 제법 많은 사람들이 알아주는 채널을 운영하면서 소속사에 속해서 활동을 하고 있다고 했다. 이제 그 아주머니는 이렇게 말한다.

"아이고, 애들은 뜻대로 안돼요. 그리고 세상이 엄청 변했어요. 아이들이 우리 때랑은 다른 걸 인정해야 해요."

뉴스를 보면 이제 '중2병'이 아니라, '고3병', '대2병'이라는 단어까지 등장하고 있다. 어떤 이들은 요즘 아이들이 견디는 힘이 부족해서 그렇다고 한다. 하지만 그것은 환경적인 요인이 큰 것 같다. 우리 때처럼 아는 것도 적고, 선택의 폭이 적었을 때는 선택할 수 있는 것이 별로 없었다. 그냥 주어진 것을 할 수밖에 없었고, 우리의 뇌는 단순하게 작용하였다. 하지만 지금의 기성세대는 지난 20년간 큰 발전을 주도해 오고, 디지털 혁명의 시대에 돌입할 수 있는 기반을 마련하여 표면적으로는 편리하고, 빠르고, 깨끗한 환경을 만들어 냈지만, 그 이면에 일어날 수 있는 부작용에 대한 대비는 제대로 하지 못했다. 아이들은 그러한 엄청난 변화와 정보에 걸러지지도 않은 채, 아직 성장하지 못한 뇌가 노출이 되고, 혼란을 겪고 있다. 그래서인지 조금만 버티면 되는 고2, 고3 시기에 쉽게 학업을 중단하고 방황하기 시작하는 친구들, 대학교 졸업을 앞두고 방황하는 친구들 까지도 생겨나고 있다. 지금 생각하면 아이들의 방황과 흔들림은 당연한 삶의 과정이 아닐까 한다.

세상이 정해 놓은 기준은 웬만해선 우리 아이에겐 맞지 않다. 모두가 공부로 1등을 하거나 모두가 SKY를 갈 수는 없으니. 그렇다면 우리 부모들은 언제 낭떠러지로 떨어질지 모르는 물살에 휩쓸려 가지 말고, 더 늦기 전에 뭍으로 나와 우리 아이들이 원하는 방향으로 길을 만들어 갈 수 있도록 도와야 한다. 평론가이자, 교수, 문화부 장관이었던 이어령 박사가 그의 인터뷰에서 '100명의 아이들을 한 방향으로 뛰게 하면 1등은 1명밖에 나오지 않지만, 100명의 아이들을 각자 뛰고 싶은 방향으로 뛰게 하면 모두가 1등이 될 수 있다.'라고 말했다. 그리고 다르게 방향을 틀 줄 아는 우리 아이를 믿고 응원해 주어야 한다. 아이의 등수가 엄마의 등수가 되는 세상에서 우리 스스로 벗어나야 할 것이다.

10대인 우리들의 아이는 어른들이 생각하기에 말이 안 되고 어처구니없는 행동들을 반복할 수 있다. 그런 상황에 부모인 우리는 '속 터진다.'는 표현을 할 만큼 답답하고 힘이 든다. 하지만 우리는 속이 터지는 감정을 가지기 보다는 화를 내지 않고, 차분하고, 때로는 따뜻하게, 때로는 냉정하게 그리고 명료하게 아이들에게 규칙을 설명하고, 본인이 한 행동들에 대한 책임을 지도록 이끌어 주어야 한다. 그리고 그러한 태도를 인내심을 가지고 지속해야 한다. 아이들의 부족한 판단력과 행동을 잘 다듬고 성장할 수 있도록 도와주는 것은 우리 어른들의 몫이다.

자녀 교육에 성공과 실패가 있을까? 지금 우리 아이들의 상태가 많은 이들에게는 어쩌면 자녀교육의 실패라고 여겨질 수 있을 것이다. 하지만 되돌아보면 그것은 결코 실패가 아니었다. 오히려 성숙하지 못한 나를 성장 시켰고, 잠재되어 있던 나 자신을 찾아주었고, 미숙한 삶에서 진정한 행복이 무엇인지를 생각하게 해 준

아들아 방황해서 고마워

소중한 순간들이었다. 그것이 바로 나의 사랑하는 아이들의 사춘기였고, 나는 지금도 아이들과 함께 성장해 나가고 있다.

우리 딸은 내가 가르치는 그룹에서 10년이 넘는 오랜 기간 동안 함께 영어 공부를 해왔었다. 지금 생각해보면 그것이 나의 큰 실수였다. 그냥 잘 따라주는 딸이 당연한 것처럼 늘 칭찬하는 것에 인색하고, 딸의 부족한 부분은 거침없이 지적하면서, 딸에게 고마움과 사랑을 표현하는 것은 인색했다. 왜냐하면 내가 다른 학생들 앞에서 내 자녀를 칭찬하는 것은 안 된다는 고정관념을 가지고 있었기 때문이었다. 반면에 다른 학생들에게는 너무나 친절한 선생님이었으니, 우리 딸이 느꼈을 배신감을 생각해보면 참으로 미안한 일이었다. 딸이 중학교 2학년 쯤 되던 때였다. 그 당시 딸은 수업 시간에는 나를 선생님이라 부르는 게 습관이 되어 있었는데, 어느 날부터, 수업이 끝나면 늘 이렇게 얘기했다.

"아, 엄마 보고 싶다!"

코앞에 엄마를 두고도 엄마가 보고 싶다고 말했던 딸의 마음을 지금에 와서야 생각해보면, 그때의 딸은 정말 엄마의 마음과 사랑을 원했었던 것 같다. 딸에게 엄마의 사랑이 필요할 때, 충분히 사랑은 전하지 못하고, 아이의 책임과 성실함만을 요구하는 부족한 엄마였던 나 자신을 반성해 본다. 엄마는 아이들에게 사랑이다. 엄마의 사랑이면 아이들이 힘을 얻기에 충분하단 생각이 이제서야 뒤늦게 든다. 많이 늦었지만 지금부터라도 아이들에게 충분한 사랑을 제대로 보여주고자 한다.

'모든 엄마는 현명해야 한다.'라고 말하는 표현 자체가 나에겐 부담스럽다. '정말 모든 엄마는 현명해야 할까?' 현명하다는 말 자체가 가끔은 그렇지 못한 엄마에게 큰 부담감을 안기기도 하고, 좌절과 자책을 하도록 만들기도 한다. '현명'이란 말은 사전적 의미로 '어질고 슬기로워 사리에 밝다.'라는 뜻이다. 과연 어질고 슬기롭고 사리에 밝아야 만 훌륭한 엄마일까? 가끔은 실수를 할 수도 있고, 엄마로서 부족한 부분이 있을 수도 있고, 때로는 부당함에 화를 낼 수도 있다고 생각한다. 일과 육아를 함께 하면서 힘에 부쳐 울기도 하지만, 어려움을 겪으면서 아이와 함께 성장하고 강해지는, 그래서 아이와 함께 그 어려움을 극복하고 헤쳐 나가기를 노력하는 엄마는 어떨까?

옛날부터 어머니들은 한결같이 어려운 상황에서도 강하고, 헌신적이고, 현명해야 하는 것으로 묘사가 되어왔다. 그래서 우리의 머리에 각인된 '어머니의 상'은 늘 헌신적이고, 현명한 어머니였다. 지난 20~30년은 이전 100년 동안 겪은 것만큼이나 많은 변화가 이 사회에 있었고, 가정에서, 사회에서 이제 여성들의 역할은 다양 해졌다. 현대 사회에서 예전 어머니와 같은 역할과 현명함을 그대로 원하는 것은 무리가 있다. 가정이건, 사회이건, 그 구성원들이 조화롭게 협력하고 역할을 찾아야만, 그 집단이 균형 있게 잘 유지될 수 있다. 이제 가정에서도 엄마의 역할은 다른 구성원의 도움과 협력이 필요한 일이 되었다.

한 아이의 엄마로서 완벽하지도, 그리 현명하지도 못하지만, 계속 마음이 단단해지고 성장하는, 그래서 결국 아이와 함께 성장하고, 진심으로 함께 소통하고, 웃고 울어줄 수 있는 그런 엄마는 어떠할까? 나는 아이들의 자유의지와는 상관없이 현명함과 세상 이치에 밝아서 아이들을 공부 잘하는 모범생으로 기르는 엄마보다는, 아이들과 끊임없이 의논하고, 말도 안 되는 사춘기 아이들의 주장과 의견에도 귀 기울여 주고 고민해주는 엄마, 아이를 인격체로서 존중해주는 엄마가 되고자 한다. 공부를 잘하는 재능이 있는 아이는 공부를 잘하는 아이로 성장하게 도와주고, 운동에 소질이 있는 아이는 운동 재능을 키워주고, 노래를 잘 하고 춤을 잘 추는 아이는 그 재능을 키울 수 있도록 가능한 지지를 해주고, 너무나 조용하고 부끄럼이 많은 내성적인 아이들은 그 마음을 끄집어낼 수 있도록 도와주는 엄마라면 어떨까?

엄마는 사랑을 주는 것만으로 오히려 충분하단 생각이 든다. 아이가 어떤 상태이든, 어떤 상황에 놓여 있든, 아이가 그것을 겪으면서 더 성장하고 변화할 수 있다는 믿음과 사랑을 끝까지 해줄 사람은 엄마가 되어야 한다고 생각한다. 경쟁에서 치열하게 살아남아야 하기 때문에 아이에게 살아남기 위한 스킬을 익히라고 냉정하게 떠 밀지 않는 엄마가 되어야 한다고 생각한다. 아이가 조금 느리고 공부를 못해도, 아직 미성숙해서 사고를 치고 다녀도, 자기의 속도대로 제자리를 찾아갈 수 있도록 변함없는 믿음과 사랑을 주는 엄마가 되어야 한다고 생각한다.

06

자녀 양육에 대한
무게를 벗어 던지자

• '엄마의 책임'이라는 관습에서 벗어나기 •

나는 지난 26년 동안 수많은 아이들과 그들의 학부모들을 만났었다. 때로는 나와 교육 철학이 같아서 내게 무한 지지를 해 주시는 소중한 학부모 분들도 있었고, 때로는 우리의 교육체계에 대해서 불신과 불안감을 감추지 못하는 학부모 분들을 만나기도 했었다. 오랜 시간동안 나의 교육철학은 아이들이 진정으로 배움을 즐거워하고, 그 배움에서 누구나 소중한 행복을 찾도록 도움을 주는 선생님이 되는 것이었지만, 안타깝게도 우리가 처한 현실에서는 수많은 난관들이 존재하고 있었다. 그럼에도 불구하고 나는 26년 동안 나의 교육철학에 대해 꾸준히 고집을 부려온 편이었다.

우리나라에서 자녀 양육에 대해서 얘기할 때 교육을 빼놓고 얘기하는 것은 불가능하리라 생각한다. 경제와 문화가 우리보다 앞서있는 선진국일수록 교육을 강조하는 것은 당연한 일일 것이다. 하지만 앞으로 우리나라의 교육의 방향도 눈앞의 불을 끄는 방식이 아니라, 30년, 50년, 100년 뒤의 우리의 아이들, 그리고 우리의 아이들의 아이들이 건강한 사회에서 행복을 누리고 살 수 있도록 미래지향적이었으면 한다. 그밖에 교육 이외에도 우리 엄마들의 자녀 양육에 무게를 더해주는 몇 가지 요소들이 더 있다.

자녀 양육에 대한 무게를 더해주는 것 중 하나는 과거의 교육의 결과로 인해 관습과 관념에 순종해온 우리 자신이다. 우리 세대에는 부모님들 세대보다 훨씬 더 여성의 대학 진학과 사회 진출이 많아졌지만, 우리가 학교 및 사회에서 받아온 실질적인 교육에서 여성은 순종적이고, 착하고, 헌신적인 며느리, 아내, 엄마가 되어야 한다는 가르침을 받아왔다. 오랜 교육의 결과로 그것이 당연하다 여기며, 여성은 사회활동을 활발히 하면서도, 가정 살림과 육아에 대한 책임감을 오롯이 혼자 짊어지게 되었다.

사회인으로서 책임을 다하려면 가정에서의 역할 일부를 희생

해야 했고, 아이가 아파도 휴가도 내기 힘든 환경에서 일을 하면서 심리적 압박감을 많이 받기도 했다. 그렇게 가정의 일과 육아를 병행하면서 성실하게 일을 했지만, 자녀가 사춘기를 맞이하면, 자녀들의 방황으로 부모들은 더 큰 고통과 상처를 받게 된다. 아이를 잘못 길렀다는 죄책감에 사로잡히기도 하고, 정신적, 육체적인 고통으로 자녀에 관한 문제로 부부의 다툼이 잦아지기도 한다. 한 번은 시어머님이 '네가 집에서 살림만 사는데, 애가 저렇게 방황했으면, 너한테 책임이 있는 거다.' 라고 말씀하셔서 속상했었다. 결국 아이에 대한 책임은 여성에게 전가되고 있으니, 아이들이 방황을 하면 주변에서는 부족한 엄마라고 느끼는 그런 관념 속에서 우리는 지금까지 살아왔던 것이다. 자녀의 양육은 부모 모두의 책임이지만, 여성들은 아직도 오래전에 형성된 관습과 관념의 늪에서 빠져나올 수 없는 것이 지금의 현실이다.

우리 사회는 세계적인 흐름과 함께 점점 핵가족 시대로 변화해 왔다. 전통적으로 대가족 형태의 가족에서 한 아이가 태어나면 온 가족이 함께 양육을 담당하였다. 그리고 엄마의 주변에는 할머니, 이모, 고모 등의 여러 조력자들이 도움을 주기도 하고, 먼저 경험했던 것들을 알려주기도 하였다. 그러나 현대사회로 발전이 되어

오면서, 우리는 수십 년간 3~4인 가족의 핵가족 형태를 유지해왔다. 엄마가 직장에 다니건 안 다니건 산후조리 기간이 끝나면, 아이의 양육은 엄마만의 몫이 되었고, 그렇기에 엄마의 양육방식이나 감정상태, 그리고 신체적, 정신적 건강 상태는 고스란히 아이의 발달에 영향을 미칠 수밖에 없었다. 그러다 보니 아이의 성장에 있어서 모든 결과가 엄마의 책임인 듯 바라보는 주변의 시선은 어찌보면 당연한 것일지도 모르겠다. 하지만 앞에서도 언급한 것처럼 아이의 성장이나 발달은 엄마의 노력과 양육방식에 완전히 비례하지는 않는다는 것이다. 아이는 어느 정도 성장하여 중학교를 갈시점이 되면, 엄마보다 사회와 또래집단의 영향을 많이 받게 되어있다. 그러므로 핵가족 시대에 홀로 양육을 담당하여 온갖 애를 써온 엄마들은 아이의 청소년기 상태에 대해 스스로 자책할 필요가더더욱 없다. 현재 아이의 상태가 끝이 아니고, 아이는 성장의 과정 중에 있음을 인식하고 있어야 한다. 그리고 엄마는 이제부터 더욱 확고한 자신을 찾고, 아이의 더욱 든든한 지지자가 되어주어야한다는 사실을 반드시 기억해야 할 것이다.

앞에서도 잠시 얘기한 것처럼, 사람들은 아이의 성공적인 진학과 사회진출이 양육의 성공인 듯 단정지어 왔다. 엄마들은 자신만

아들아 방황해서 고마워

의 제대로 된 '자녀 양육에 관한 철학'을 만들어 가기도 전에, 성공적인 학습에 대한 압박을 느끼며 양육을 시작한다. 더불어 아이들도 스스로 자신이 원하는 것이 무엇인지, 무엇을 좋아하는지, 탐색할 시간적인 여유도 없이 이미 짜여진 학습 프로그램의 세계에 어쩔 수 없이 던져진다. 이 세상 모든 아이들 중에서 똑같은 외모, 성격, 재능을 가진 아이는 아무도 없다. 아이들이 좋아하고, 잘 할 수 있는 것도 다양하고, 아이들의 재능이 발현이 되는 시기도 분야마다 다르며, 아이들이 발전해 가는 속도도 모두 다르다. 우리는 그런 아이들의 특성을 전혀 고려하지 않은 채, 조금이라도 더 타이트한 학습을 할 수 있는 시스템 속으로 아이들을 밀어 넣고 있다. 그것은 단지 엄마들만의 잘못은 아니다. 우리나라의 사회적 구조상 대학을 졸업해야만, 기본적으로 안정적인 직장에 취업을 할 최소한의 자격이 부여되기 때문이다. 게다가 명문대를 졸업해야만 대기업으로의 취업이나 고위 공직으로의 진출 가능성이 커지게 되는 것이다. 엄마들은 사랑하는 자녀가 성공적인 삶을 살아가기를 바라는 당연한 마음을 가지고 있다. 우리 아이가 좀 더 풍족하고 안정된 삶을 살기를 바라는 것은 어찌 보면 당연한 것이다. 하지만 우리는 치열한 경쟁 속에서 우리 자신도 모르게 숨 가쁘게 쫓아가고 있던 걸음을 멈추고 한 번 생각해 볼 필요가 있다. 세상은 빠르게 변하고 있고, 과연 지금까지 해오던 방법들이 이대로 괜찮은지 다시 한 번 생각해 볼 시간이다.

나는 수능 이전의 학력고사 세대이다. 그 당시엔 학원을 다니는 친구들이 드물었다. 중학교 졸업을 하면서 고등학교 공부를 대비하기 위한 대형 단과 강의 정도를 들었던 것이 전부였다. 평상시에 학교 공부를 위해 학원을 다니는 친구들은 없었다. 우리는 학교 수업과 EBS 강의 정도에 의존하여 공부를 하였고, 고등학교 때는 야간 자율학습도 의무였었다. 달걀이 먼저인지 닭이 먼저인지 판단하기 힘든 것처럼 현재는 학교 시스템이 아이들이 학습하기에 부족해서 사교육이 활성화가 된 것이 먼저인지, 사교육이 활성화되면서 학교에서 아이들의 수준차가 벌어져 수업을 하기 어렵게 된 것인지, 잘 구분이 되지는 않지만 아무튼 아이들이 공부를 하는데 이중고가 생긴 것은 확실한 사실이다. 그러다 보니 부모들은 정말 확고한 신념이 없다면, 아이들의 학습을 어떻게 이끌어주어야 할지 혼란스럽고 난감할 수밖에 없다.

아이들이 초등학교에 다니는 동안은 대부분의 부모들이 내 아이가 수능을 통해 대학을 가게 될 것이라고 생각하지만, 막상 고등학교에 들어가는 시점이 되면, 수능만으로 대학을 가는 것은 거의 불가능하다는 사실을 뒤늦게 깨닫게 된다. 그래서 엄마들은 자녀가 성인이 되어 나름대로 독립을 하게 될 때까지는 계속해서 혼돈 속에 있는 것 같다. 그리고 아이들은 스스로 인생의 목표를 설정하지 못하고, 대학을 입학하기 위해서 수능만을 쫓아 이 학원 저 학원으로 쫓아다니다가, 뒤늦게 이러한 안타까운 현실을 직시하게 되고, 결국은 대학교 입학 이후의 인생에 대해서는 한 번도 생각해 보지 못하게 된다. 나 역시 사교육 현장에서 오랜 기간 동안 아이들을 지켜보면서, 학교 내신을 위한 사교육이 결국 없어져야만 한다는 생각을 하게 되었다. 이러한 글을 쓰고 나서 나오는 의견이 다른 많은 분들의 비판을 받을 수도 있지만, 20년 이상 사교육에 몸담아 오면서 분명히 깨달은 사실이다. 현재 나는 영어도서관 형식의 교습소를 운영하고 있는데, 20년 이상 아이들과 책을 읽고 소통하면서 꿈이 하나 생겼다. 아이들에게 저비용 혹은 무료로 함께 영어 책을 읽고, 생각하고, 대화를 나눌 수 있는 특별한 도서관을 만들고 싶다는 꿈이다. 그리고 아이들의 인생이 수능으로 모두 끝나는 것이 아닌 것처럼, 수능 너머의 인생 여정도 지속할 수 있도록 작은 도움이라도 주고 싶다. 그리고 아이들의 꿈을 찾는데 도움을 주는 아이들의 책 읽기 친구가 되고 싶다.

물론 아이들이 행복하게 배우고 성장하기 위해서 가장 필요한 것은 '합리적인 공교육 시스템'이라 생각한다. 그러나 현실적으로 그것이 구축될 때까지 오랜 시간이 걸리거나 불가능하다면, 내 생각엔 엄마들이 자녀의 특징을 잘 파악하고 인정하면서, 아이가 원하는 것을 대화를 통해서 계속 의논하고, 함께 고민하는 과정이 필요한 것 같다. 무조건, '넌 특별히 하고 싶은 게 없으니, 공부라도 제대로 해야 해!'라고 생각하면서 아이가 원하지 않거나, 아이에게 벅찬 공부를 지속시켜선 안 된다. 그것은 단순히 아이와의 관계만을 악화시키고 아이의 삶의 의욕을 잃게 만드는 그릇된 방식일 뿐이다. 아이들의 성적에 대해서는 강박관념을 벗어버리고, 그저 우리 아이의 상태를 잘 이해하고, 인정하고, 받아들여야 한다. 그리고 아이에게서 한 걸음 물러나, 큰 숨을 내쉬어 보자. 그리고 지금 우리 아이와 나 자신이 가장 행복할 수 있는 선택과 방법이 무엇인지 생각해 보자. 그럼 부담으로만 다가왔던 아이의 상태와 양육에 대한 무게가 조금은 덜어지고, 정말 행복할 수 있는 방향이 눈에 보이기 시작할 것이다.

자녀들을 두고 있는 많은 엄마들이 우리나라의 교육 현실이 그러하니 어쩔 수 없다고들 얘기한다. 당장 우리 아이가 교육제도 내에서 낙오되거나, 벗어나 지거나, 불이익을 당하는 것을 지켜볼 순 없다고들 한다. 하지만 우리 아이들의 인생의 목표가 정말 대학입학이 전부일까? 아님 이번 수능에 좋은 성적을 얻는 것이 다일까? 우리 아이들의 인생은 수능을 치른 뒤에도, 대학을 입학하고 졸업한 뒤에도, 계속된다는 사실을 간과하지 말아야 한다. 생각과 가치관의 성장 없이 오로지 경쟁을 위해 공부를 한 아이들이 30대, 40대가 되어도 부모로부터 독립을 못하는 캥거루족이 되기도 한다. 그리고 숨 가쁘게 수능을 향해 달려가다 '번 아웃 burn out'이 되어 인생을 포기해 버리거나, 수능을 본 후 성적에 비관하며 안타깝게 생을 마감한 수험생들의 이야기도 뉴스에서 본 적이 있다.

세상에 모든 엄마들은 자신의 아이들이 좀 멀리 돌아가는 것은 아닐까? 좀 더 힘든 길로 가는 것은 아닐까? 항상 걱정이 된다. 엄마들은 아이들이 고등학생, 대학생이 되어도 좀 더 안전하게 빨리 갈 수 있도록, 아이들의 인생에 계속해서 개입을 한다. 아이를 성공적으로 길러야 한다는 양육의 무게를 조금만 벗어 던지면 엄마는 아이들과 좀 더 가깝고 사랑하는 관계를 유지할 수 있을 텐데, 아이들은 결국 엄마의 사랑과 믿음이라는 양분을 먹고 자신의 길을 향해 스스로 나아가는 건강한 아이들이 될 텐데, 그리고 엄마도 아이의 인생을 성공적으로 만들기 위해 시간을 바치느라 자신을 잃어버리지 않고, 자신의 원하는 진정한 삶을 찾아가게 될 텐데.

사춘기 자녀와의 갈등과 부모로서의 시행착오는 스스로 원하지 않아도 누구도 피해갈 수 없다고 생각한다. 그러나 부모들이 '아이들은 모두 스스로 자라는 힘이 있다.'라는 것을 믿는다면, 아이들에게서 한 걸음 떨어져서 큰 숨을 내쉬고, 조바심 내지 않고 아이를 바라볼 수 있을 것이다. 그리고 아이가 스스로 자라는 것을 믿는 것처럼 엄마도 엄마 자신에게 눈을 한 번 돌려보면 어떨까? 우리 아이가 행복한 성인으로 성장한 후에 난 어떤 모습으로 내 삶을 살아가고 있을까? 100세 시대에 중년기라는 70살이 되면 나는 무엇을 하고 있을까? 한 번 상상해 보자. 아이들을 다 키우고 편안하게 남편과 소일하며, 시간을 보내고 있을까? 과연 행복한 삶을 살고 있을까? 우리는 어떤 모습으로 인생을 살아가고 있을까? 나름대로 아이들로부터 독립되어 행복하게 살아가는 자신의 모습을 미리 그려보고, 그 삶을 위한 준비를 하나씩 해 나가는 것도 좋은 방법인 것 같다. 아주 작은 것이라도 지금부터는 엄마 자신의 삶의 목표에 더욱 집중을 해 보면 좋겠다. 아이도 엄마도 함께 성장하고, 독립하고, 행복할 수 있다.

아들아 방황해서 고마워

그렇다고 아이들을 그냥 방치하라는 얘기는 아니다. 20대까지도 아직 어른으로서 미숙한 부분이 있기에 부분적으로 부모의 가이드가 필요하기도 하다. 단, 내가 하고 싶은 얘기는 나의 인생 모두를 자녀양육에만 전념하지는 않는 것이 좋다. 더 이상 남편과 자녀들에게 자신의 모든 것을 바치면서까지 자신의 행복을 그들에게 의존하지 않는 것이 좋다. 엄마 자신의 행복은 자신이 원하는 것을 찾아서 하나씩 채워가면서 만들어 나가길 권장한다. 현명하고 헌신적인 엄마는 이제 우리의 과거의 교육에서 만들어진 신념일 뿐이다. 하지만 세상이 너무도 많이 달라졌다. 가정에서 남편과 아내의 역할이 달라졌고, 아이들이 앞으로 살아가게 될 환경도 급격하게 변하고 있다. 우리 아이들은 우리가 전혀 모르는 새로이 등장한 직업을 가질 수도 있고, 가정을 이루고 살지 않을 수도 있다. 예전처럼 안정적인 직장을 가지기는 힘들 수도 있지만, 훨씬 더 능력을 잘 발휘할 수 있는 직업을 가질지도 모른다. 마찬가지로 우리 엄마들도 앞으로는 어떤 삶을 살게 될지 예측할 수 없다. 어느 유능했던 교수가 자녀들에게 헌신하고 살았으나, 노년에 부인이 죽고 나서 자녀들에게 버림받아 노숙을 하게 되었다는 슬픈 기사를 본 적이 있다. 그 교수가 자녀 교육을 잘 못했다고 단언할 수는 없을 것 같다. 우리는 과연 무엇에서 행복을 느끼며 살 수 있을까?

남편의 성공? 자녀들의 성공?

직장맘에게는 자녀를 양육하면서 온갖 시행착오와 상처로 점철될 수 있는 그 과정이 피할 수 있는 시간들은 아니지만, 그 시련과 시행착오를 통해 스스로 한 인간으로서 더 단단해지고, 자신을 발전시키는 과정이라는 자신감이 필요하다. 전업주부에게는 절대로 자녀들의 보편적 진학성공이나 취업성공이 엄마들의 훈장이 되거나, 반대로 진학실패나 취업실패가 엄마의 자녀양육의 실패로 평가되어 좌절감이나 우울증의 원인이 되어서는 안 된다.

아이가 자라서 하나의 독립체로서 성장해 나가는 과정에서 겪는 좋고 나쁜 모든 일들이 온전히 엄마의 책임이라는 관습적 자녀양육 중압감에서 벗어나야 한다. 우리가 아이에게 마음 편히 무한 신뢰를 줄 수 있는 엄마로 성장한다면, 그리고 자신에게 집중할 수 있는 우리의 삶이 있다면, 자연스럽게 아이도 함께 성장할 수 있을 것이다. 진정으로 행복한 엄마의 모습을 보면서 아이들도 더욱 행복해질 수 있을 것이다. 모든 것을 내려놓고, 출발점으로 서서 다시 생각해 본다. 아이도 엄마도 독립된 인격체이다. 우리는 모두 존재 자체만으로도 모두 소중한 이들이다. 아이는 나의 사랑과 믿음이라는 양분이 가득한 큰 밭에서 길러 줘야할 존재이다. 어떤 상황에서든 엄마인 나는 흔들리지 않고, 나 자신을 잘 알고 스스로를 사랑한다. 아이와 나를 위해 내가 진정으로 원하는 것이 무엇인지 알아야 한다. 사랑과 믿음이라는 양분은 아이와 나, 둘 모두를 성장하게 할 것이다. 그리고 끊임없이 자신에게 물어봐야 한다. 지금 내가 선택한 나의 결정이 정말 나와 아이 모두 행복할 수 있는 결정인가? 지금 내가 하려고 하는 것이 정말 내가 원하는 것인가? 이 책을 쓰는 동안 줄곧 난 엄마들이 얼마나 자신에 대해서 생각을 하고 있고, 자녀들이 성장 후 자신이 원하는 꿈이나 계획이 있는지 궁금했다. 청년들에게 인터뷰 요청을 했던 것처럼 학부모, 동료선생님들, 그 밖의 지인들 중심으로 지면 인터뷰를 실시하였다. 대다수의 엄마들은 어떤 꿈을 가지고 있을까? 무척이나 궁금했다. 청년들의 인터뷰에서와는 달리 엄마들과의 인터뷰에서는 엄마들의 꿈을 좀처럼 발견할 수가 없었다. 대부분의 엄마들은 자녀들 잘 키워 놓고, 남편과의 편안한 노후를 보내는 것이 목표였고, 대부분 자신의 미래에 대한 구체적인 목표를 생각하는 것조차도 어색해 했다. 몇몇 일하는 엄마들은 목표와 꿈이 있는 것을 발견할 수 있었으나, 평범한 대한민국의 엄마들에게는 역시나 가장 큰 관심사는 오로지 자녀가 전부였다.

07

대한민국 평범한 엄마들과
다르게 방향을 틀 줄 아는 아이

• 다르게 방향을 틀 줄 아는 아이 응원하기 •

우리는 어떤 사람들인가? 우리가 대한민국의 평범한 엄마들이라면, 다시 말해 우리가 살아오면서 우리 머릿속에 자리 잡은 보통 엄마들의 모습은 자녀를 사랑하고, 남편의 내조를 잘 하고, 가족에게 헌신하는 것이었다. 그런데 시대가 달라지면서 엄마들의 모습도 많이 달라졌고, 특히 대한민국의 평범한 엄마들이라 하면 자녀의 교육을 위해서 아이들의 유아기 때부터 손발을 걷어 부치고, 적극적으로 자녀 양육에 관한 모든 정보를 찾아 나서고 있다.

우리 대한민국의 평범한 엄마들이 언제부터 왜 그렇게 되었을

아들아 방황해서 고마워

까? 아이들과 따뜻한 교감을 하고 대화를 나누는 여유보다는 경쟁에서 뒤처질까 불안해하며, 청소년기의 자녀들과의 대화의 주제는 오로지 공부로 시작해서 공부로 끝난다. 인생에 살아가는데 있어서 공부는 물론 중요하다. 우리는 죽을 때까지 평생 공부를 해야 한다. 빠르게 변화하는 세상에 100세까지 살아야 하는 상황이니 배우고 적응하는 과정의 연속일 것이다. 그러나 지금 우리 아이들이 하고 있는 공부의 방향이 맞는지는 우리 엄마들이 심각하게 생각을 해 보아야 한다는 생각이 든다.

나는 항상 시험을 위한 공부보다는 평상시에 아이들이 책을 많이 읽고, 꾸준한 자기 주도 공부를 해야 한다고 주장해오던 사람이라, 우리 아이들의 성적에 의연할 수 있을 거라 생각했었다. 그런데 놀랍게도 아이의 성적이 60점대로 떨어지는 순간에 속상한 나의 마음과 일그러지는 얼굴 표정을 숨길 수 없었다. 지금은 아이들의 성적이 어떻든 초연해졌지만, 그때는 우리 아이가 잘 할 거라 믿고 있었던 나의 기대가 무너지는 순간에 나는 잘 대처하지 못했던 것 같다. 입으로는 꾸준히 책을 읽고 자기 주도 공부를 하면 된다고 말하고 있었지만, 내 안에 확고한 철학과 신념이 제대로 자리 잡지 못하고 있었던 것이다. 아이들과의 갈등과 그 소용돌이가 거세게 지나간 후 나의 마음에는 더욱 확고한 신념이 자리 잡았다. 아이들을 있는 그대로 인정해 주면서, 진정한 자기 주도 공부를 할 수 있도록 응원하겠다는 결심과 아이들이 더디게 가더라도 스스로 찾아가면, 결국은 엄청난 몰입을 할 수 있다는 믿음이 내 마음을 든든하게 해주었다.

그렇다면 엄마들을 그토록 불안하게 만드는 그 공포의 정체는 무엇일까? 바로 대입을 목표로 하는 무한경쟁, 그리고 대입을 위해서 충족되어야 하는 학교 성적이 엄마들의 마음을 끊임없이 불안하게 만드는 원인이 아닐까 한다. 그럼 곰곰이 생각해 보자. '우리 아이는 꼭 대학을 가야하는가?'가 먼저일까? 아니면, '우리 아이는 무엇을 좋아하고 잘하는가?'가 먼저일까? 만약 엄마가 어릴 때부터 아이의 특성을 잘 알고, 인정하고, 아이에게 맞는 방향으로 공부 방법을 조율해 나간다면, 아이도, 엄마도, 성적이 주는 압박감에서 쉽게 벗어날 수 있을 것이고, 가장 중요한 아이와의 의사소통을 자연스럽게 이어 가면서, 아이의 진로를 함께 의논하고, 결정해 나갈 수 있을 것이다. 그리고 청소년기에 부모와 편안한 관계를 유지하고 소통했던 아이는 성인이 되어서도 감정적으로 안정감을 유지하고, 사회에 나아가서도 자기 역할을 해 나갈 충분한 에너지

아들아 방황해서 고마워

를 얻게 된다.

내 아이의 평범한 일상을 되찾아 주고 싶어서, 정말 절박한 마음으로 아이들에 대해 열심히 공부했었다. 이제 많은 책들과 경험한 사람들로부터 얻은 조언으로 나는 확신한다. 지금까지는 실수한 부분이 많이 있었지만, 지금부터는 아이들과 진심으로 소통할 마지막 기회를 절대로 놓치지 않고, 사랑하고, 믿고 기다려 줄 것이다. 그러면 아이들도 세상으로 보다 멋지게 나아갈 것이고, 아이들이 세상으로 나아가도록 잠시 돌봐 주느라 수고했던 엄마 자신도 또 다른 세상으로 날개를 달고 나아갈 수 있을 것이다. 아이들이 우리에게서 완벽하게 독립하고 나면, 다른 가족들처럼 아이들과 일 년에 몇 번 정도 만나서, 행복하고 즐거운 일상을 보내는 평범한 가족이 되고 싶다.

어른들 말에 잘 따르고, 학교에서 정해준 규칙을 잘 지키며, 학교 공부를 열심히 하는 아이들이 훌륭한 아이들이라는 생각을 대부분의 어른들이 하고 있다. 사실 이전까지 나도 그랬었다. 소위말하는 정말 학생다운 아이들에게만 칭찬을 해왔다. 어른들이 정해 놓은 규칙을 잘 따르지 않는 아이들에게는 아이가 왜 그런 행동을 하는 것인지 알아보려는 노력은 없었다. 묻지도 따지지도 않고, 그저 규칙을 잘 지키고 성실하기만을 요구했을 뿐이다. 그리고 실제로 10년 전, 20년 전 아이들도 대부분이 어른들의 그런 요구에 묻지도 따지지도 않고 따라 주기도 했다. 5년 전쯤 내가 가르치던 학생 중 한 명(중학교 3학년 학생)은 아주 똘똘한 친구였는데, 수학은 숫자만 봐도 어지럽다고 했다. 국어와 영어는 늘 만점에 가까웠지만, 수학은 시험 때마다 죄다 찍는 친구였다. '그래도 수학도 만일을 대비해 공부하는 게 어떻겠냐?'는 주위의 권유에도 아랑곳하지 않고, 수학 공부를 거부하던 그 아이는 그림을 아주 잘 그렸었다. 결국 그 아이는 고등학교 2학년이 되던 해에 스스로 유럽으로 미술 공부를 하기 위해 떠났다. 주위에서는 불안하고 안타까운 마음을 가졌었지만, 그 아이는 스스로의 인생을 만들어 가고 있는 것이다. 자신의 뚜렷한 목표도 없이 그냥 남들이 모두 가는 방향으로 뚜렷한 목적 없이 가고 있는 친구들 속에서 그 아이는 스스로 방향을 튼 것이다. 어쩌면 빠른 시간 안에 일반적으로 생각하는 성공의 결과가 나타나지 않을 수 있겠지만, 수동적인 다른 아이들과는 달리 방향을 틀 줄 알았던 그 아이의 미래는 정말 기대가 된다.

오랫동안 수많은 아이들을 가르쳐 왔지만, 그 아이와 같은 아이

아들아 방황해서 고마워

들은 쉽게 만나는 친구들은 아니다. 그런데 공교롭게도 우리 딸이 그 아이와 비슷하게 방향 틀기를 하고 있다. 일하느라 바쁜 엄마였던 나는 아이에게 해 줄 수 있는 것이 많지 않았다. 무엇을 하든 체력이 바탕이 되어야 한다는 생각에 딸아이는 7년째 운동 삼아 인라인 강습을 받고 있었다. 그래서 자연스레 생활체육 분야로 진로를 선택해도 좋겠다는 생각을 하기도 했었다. 그런데 딸아이가 6학년 무렵부터 자꾸 음악 선생님을 찾아 다녔다. 그냥 음악 선생님과 좀 친한가보다 했는데, 아이의 마음속에는 음악에 대한 꿈이 싹트고 있었던 것이다. 부모가 조금의 관여도 하지 않았는데, 스스로 꿈을 찾아 행동하기 시작한 딸아이가 돌이켜 생각해 보니 신기하고 기특하다. 조금씩 꿈을 키워가던 딸아이는 중 2때에는 조금 더 적극적으로 행동을 하기 시작했다. 교내 밴드 부를 선생님께 제안해서 만들었고, 밴드 부 회원들을 직접 모집하여 연습시키고, 공연하고, 대회에도 나가고, 그 모든 것을 누구의 도움도 없이 본인의 의지로 중학교 졸업을 하는 순간까지 혼자서 해 나갔다. 그 때 나는 알았다. 누군가 시켜서 하는 일이 아니라 본인이 진정으로 원하는 일을 하는 아이는 우리가 생각하는 것 보다 훨씬 더 많은 능력을 발휘할 수 있다는 것을.

물론 요즘은 음악을 하는 친구들도 넘쳐나고, 실력이 상상을 초월하는 친구들도 많다. 우리 딸이 천재적인 재능이 있는 게 아니라는 사실도 안다. 하지만 가장 중요한 것은 먼저 소개했던 나의 학생이나 딸에게는 스스로 생각하고 선택하는 의지가 있었다는 것이다. 그리고 방향을 틀어 행동할 수 있는 용기가 있었고, 그 방향을 향해 멈추지 않고 나아가고 있는 이 아이들의 삶은 진정 살아 있는 삶이라고 생각한다. 어쩜 우리 부모가 아이들에게 해 줄 수 있는 최고의 선물은 아이들에게 스스로 생각하고, 경험하고, 실패도 해 볼 수 있는 시간을 주는 것일지도 모르겠다. 그렇게 스스로 생각하고 선택한 결과를 경험해 본 아이들은 자신의 삶에 더욱 적극적인 주체가 되어 행복한 삶을 누릴 수 있을 것이다. 남들과 조금 다르다는 것은 결코 나쁜 것이 아니다. 다름을 인정하고 수용하는 세상은 더욱 평화롭고, 따뜻하고, 행복할 것이며, 그 이전에 볼 수 없었던 발전을 가져올 무한한 에너지를 가진 세상이 될 것이다.

아들아 방황해서 고마워

08

행복, 그거 필요한 거야?

• '최고의 나'를 만나러 가기 •

  행복이란 무엇인가? 성공해서 행복할 것 같은 순간인데도 불구하고 마음이 공허한 사람들을 보게 되는 경우도 있고, 집안 형편이 찢어지게 가난하지만 서로를 생각하면 기쁘고, 함께하면 행복한 가족들을 마주하는 경우도 있다. 그럼 과연 행복이란 무엇일까? 남아프리카의 전통적인 사상이며 평화운동의 사상적 뿌리인 '우분투(ubuntu)'라는 말이 있다. 이 말의 뜻은 한 마디로 정의할 수 없을 만큼 많은 의미를 내포하고 있다고 한다. 그래서 넬슨 만델라 대통령은 '우분투'라는 말의 뜻은 '우리 인간은 서로 서로 얽혀 있다.'는 점을 강조하는 말이라고 했다. 우리는 자신이 다른 사람과 상관없이 존재하는 개인이라고 생각하며 살아가기 쉽다. 그러나 사실 우리는 서로 이어져 있으며, 우리가 하는 일 하나하나가 세상 전체에 영향을 미치므로 우리가 좋은 일을 하면, 그것이 번져 나가 다른 곳에서도 좋은 일이 일어나 온 세상 사람들이 좋아질 수 있다는 뜻을 담은 표현이라고 한다. 그래서 우리는 타인이 기뻐하는 것을 보면 함께 기쁘고 행복한 느낌을 받기도 한다. 그리고 내가 행복하면 내 주변 사람들이 편안하고 행복한 느낌을 가질 수도 있는 것 같다. 행복이란 혼자만 귀중한 것을 가지거나 부와 명성을 가진다고 해서 우리 마음에 오는 것이 아니라는 것을 살다보면 느낄 수 있다.

'오반(OVAN)'이라는 가수의 '행복'이라는 곡을 들어본 적이 있는가? 이제 갓 이십 대 초반 밖에 되지 않은 젊은 래퍼의 가사는 40대 후반에 우여곡절을 겪은 한 아줌마의 마음을 흔들어 놓기에도 충분할 만큼 가사에서 인생의 쓴맛을 잘 표현하고 있다. 어느 날 아들이 이 곡을 처음 들려주던 날에 아들과 딸을 생각하며, 그리고 나 자신이 살아왔던 서러움과 냉대 가득한 삶을 떠올리며 하염없이 눈물을 흘렸던 기억이 떠오른다.

아들아 방황해서 고마워

어찌 보면 서투른 이 노래의 가사 한 줄 한 줄이 내 가슴에 와서 꽂히는 이유가 있다. 그것은 아마도 내가 이 대한민국에서 을로 살아오면서 나도 모르게 내 마음 속에 자리 잡은 열등감과 그것을 극복하기 위해서, 온갖 편견과 맞서며 달려온 내 인생 47년이 서럽기도 하고, 대견하기도 해서가 아닐까 한다. 가정에서는 아들이 아니고 딸이어서, 사위가 아니고 며느리여서, 자식이 아니고 엄마여서 희생과 무조건적인 인내와 현명함을 강요 당해왔고, 사회에서는 전업주부가 아니고 일하는 엄마여서, 잘나가는 남편이 아니고 못나가는 남편이라서 남편의 사회적 지위가 높지 않아서, 업신여김을 당했었다. 그것을 극복하기 위해서 그 무시마저도 덜 아픈 척하며 매일매일 나 자신에게 이야기했었다.

"할 수 있다! 나도 행복해질 수 있다!

아이들이 사춘기를 심하게 앓으니, 그동안 모든 어려움을 이겨내려고 정신없이 달려오고, 아이들과 행복 하려고 노력했던 게 정말 허무하게 느껴지기도 하면서 마음이 아팠다. 과연 행복이 무엇일까? 그 행복은 어떻게 하면 얻을 수 있는 것일까? 어느 순간부터 나는 무조건 우리 아이들과 행복해지는 것을 인생의 최대의 목표로 삼아왔다. 아이들의 지금의 상황이 좋지 않다고 해서, 그동안 우리 아이들과 함께 행복 하려고 애써왔던 나의 노력이 아무것도 아니였던 것은 아니었다고 생각한다. 그럼에도 불구하고 아이들이 사춘기 열병을 심하게 앓는 것이 너무 마음 아팠다. 15년 동안 안간 힘을 다해 가정을 지키기 위해 결혼생활을 지속한 것은, 아이들이 온전한 가정에서 자랄 수 있길 바란 나의 눈물 나는 노력이었기에 아이들의 무기력함과 방황은 나에게 절망이 아닐 수 없었다. 그래도 아이들과 함께 행복하겠다는 인생의 목표를 끝까지 놓치고 싶지는 않았다. 아이들이 부모와 건강하게 분리되어, 스스로를 책임지며 살아갈 수 있도록 도와주는 것이, 아이들을 위해 내가 할 수 있는 최선의 노력이 될 것이라고 생각한다. 내가 낳았고 내목숨보다 더 귀중한 존재들이지만, 너무나도 사랑하는 아이들이지만, 이 아이들에겐 이제 본인들의 힘으로 세상을 살아가는 방법을 느끼고 배우는 것이 가장 중요하다. 아이들을 위해서도 사랑하는 마음만으로 집착하지 말고, 아이들로부터 딱 한 걸음만 떨어지기로 했다. 아이들도 나도 잘 독립해야 할 때가 다가오고 있음을 느끼고 있다.

주변 사람들과 환경에 의해 통제 당하면서, 나 자신을 잊은 채,

내가 원하는 것이 무엇인지도 모르면서 힘들어하는 삶은 살지 않겠다고 결심해 본다. 그리고 주변의 여건에 지배를 당했던 나의 삶에 있어 시간과 돈 역시 나를 통제하는 요소였다. 이제는 내가 주체가 되어, 주변의 환경과 사람, 그리고 시간과 돈을 조절하여 나 스스로 자유롭고 원하는 삶을 살아가겠다. 그리고 그 누구의 탓도 하지 않기로 했다. 아줌마로 살아오면서 '남편 때문에 못한다.', '아이들 때문에 못한다.', '일 때문에 못한다.'는 핑계가 많았다. 남편과 자녀들을 위해 희생해 온 나날들을 억울해하지 말자. 내가 살아온 날들은 결국은 모두 나 자신의 행복을 위해서 내가 선택하고 살아온 날들이다. 그리고 지금부터 나 자신의 행복을 위한 방향을 한 번 바꿔보려 한다. 재즈(Jazz) 연주자들은 창의적인 연주를 '방향을 튼다.'라고 표현한다. 나도 내 삶에서 행복의 방향을 한 번 틀어보려고 한다. 그리고 단순하게 생각해 보았다. '그 행복이란 거, 나한테 정말 필요한 거야?' 이 질문에 대한 나의 즉각적인 대답이 내가 가야할 방향을 알려줄 것이다.

『부시 파일럿, 나는 길이 없는 곳으로 간다.』를 쓴 '오현호' 저자의 "많이 잃어볼수록 더 많은 것을 채울 수 있다."라는 말에 충분히 공감한다. 내가 살아왔던 삶도 충분히 그러했던 것 같다. 무언가를 많이 가지고 있다가 잃어버린 적은 없지만, 50년 가까운 인생을 무기력하게 살면서 그나마 내가 가지고 있던 기대감과, 희망, 자신감을 지속적으로 잃어왔던 것 같다. 어린 시절 멋모를 때는 두려움도 없었고, 모든 것이 새롭고, 설레고, 내가 살아갈 인생에 대한 희망과 꿈이 있었던 것 같다. 그러다 어느 순간부터 인지 정확히 모르겠지만, 나는 살아가면서 점점 열등감 덩어리가 되어갔다. 매번 전교 1등을 도맡아 하던 동생과의 비교를 당하거나, 딸자식이기 때문에 겪어야 했던 차별과 여자, 며느리, 아내이기에 겪어야 하는 차별들로 많이 위축되어 살아왔다. 가장처럼 가정을 이끌고 버텨야 했던 20년의 결혼생활 동안, 난 최선을 다하고 진심으로 열심히 살아왔었다. 하지만 나는 이 험난한 사회에서 삼류인생을 벗어나지 못하고 있었고, 모든 관계에서 '을'이 될 수밖에 없었다.

최선을 다해 남들에게 부끄럽지 않게 열심히 살아왔지만, 결국은 우리 가족들을 위한다는 명목아래 아이들을 양육과 경제활동을 병행하는데 스스로 한계점에 다다르게 되었다. 그 때에 나는 이런 '한계'라는 핑계들로 삶이 너무나 힘들게만 느껴졌었다. 우리 가정은 내가 몸이 아파서 수입활동을 덜 하게 되면, 고스란히 생활비가 빚으로 충당이 되었고, 가정형편은 최악으로 바닥을 치게 되

아들아 방황해서 고마워

었다. 설상가상으로 사춘기를 맞이한 아이들은 무기력해지고, 방황하기 시작했다.

처음엔 이렇게 열심히 살았는데 그 노력의 결과가 이러하니, 신을 원망해보기도 하고, 남편을 원망하면서 울기도 많이 울었다. 이렇게 끝이 없이 20년 동안 곤두박질쳐서 바닥을 치게 되니, '이보다 더 나쁠 수 있겠어?', '그래, 무엇이든 도전해보자!', '더 잃을 건 없어!'라고 내 안에서 무언가 알 수 없는 용기가 꿈틀거리기 시작했다. 그 이전보다 더 미친 듯 이 일에 몰두했다. 지난 20년 동안 한 번도 일을 책임감 없이 해온 적이 없다고 생각했다. 그런데 그건 단지 책임감이었다. 내 일을 온전히 사랑한 것이 아니었다. 내게 온 시련들은 그 절박함을 통해 내가 삶을 더욱 소중히 여기고, 나 스스로 단단해질 수 있는 기회를 준 것이다. 그렇게 시련을 통해 서로 원망만 하던 우리 가족들은 조금씩 달라지기 시작했다. 우선, 아들의 방황으로 남편이 달라졌고, 난 누군가를 원망하는 대신, 진정 우리 가족에게 필요한 것은 사랑을 표현하는 것이란 걸 조금씩 깨닫게 되었다. '조건 없이 아이들을 사랑하리라.' 아이들은 내가 원하는 대로 잘 따라줘야 하는 나의 소유물이 아니다. 아이들이 주도적으로 이리저리 겪어보고, 스스로 느껴본다면, 절실하게 변화하고, 도전하고 싶은 순간이 오리라는 믿음이 생기기 시작했다. 지금 내가 할 수 있는 건, 아이들을 진정으로 사랑해주고, 믿어주고, 기다려 주는 것이라 생각한다. 그리고 내심 생각해 본다. 우리 아이들은 기존의 사회적 틀을 강력히 거부하고, 자신을 강하게 표현하는 걸 보면, 오히려 건강한 아이들이리라. 이 큰 흔들림이 진정한 자신을 찾아가는데 큰 밑거름이 되리라.

사회적 관념 속에 영원한 '을'로 살아갈 것 같았던 나는 이제 스스로의 삶을 조금씩 더 나은 날들로 만들어 나갈 용기와 힘을 얻었다. 20년간 많이 잃었기에 난 더욱 단단해졌고, 어려움을 해결하기 위해 몰두할 수 있었다. 그렇게 몰입할 수 있게 되었기에 이젠 조금씩 나의 가치를 만들어가고, 나의 일과 나의 삶을 즐기며 사랑하게 되었고, 무엇보다도 불쌍하게 여겨졌던 나 자신이, 이제는 자랑스럽고 사랑스러워졌다. 비로소 나는 내 인생의 '갑'이 되었다. 아들의 방황과 딸의 자퇴에도 나는 내적 · 외적으로 조금씩 변화하고, 모든 것이 조금씩 나아지는 나 자신을 발견하면서, 오히려 크나큰 행복감을 느끼기 시작했다. 그리고 행복 그거 내게 정말 필요한 거라고 확신한다. 이제 앞으로 내가 살아갈 빛나는 나날들엔, 매일매일 '최고의 나'를 만날 것이라 내심 기대한다. 나는 지금 가

아들아 방황해서 고마워

진 것들을 많이 잃어 가진 게 별로 없지만, 그 때문에 하루하루 채워가는 재미가 있다. 내가 지금은 가지고 있지만 언젠가 잃어버릴 수 있는 것들보다, 앞으로 내가 가질 수 있는 것들에 대해 더 기대하며 초연할 수 있는 마음. 그것이 바로 내게 행복을 가져다 줄 것이라는 것을 이젠 어렴풋이 알게 되었다. 이제 행복이 늘 내 옆에 따라다닐 것 같아 금세 미소가 머금어진다.

09

내가 만난 청년들과
자유의지에 대한 확신

· 매일 조금씩 나아지는 엄마 되기 ·

처음 아들이 방황하기 시작했을 땐, 너무나 당황하고 절망스러운 나머지 매일매일 마음 한편이 지옥과 같았다. 지금 생각해 보니 그만큼 내가 좁은 시야를 가지고 세상을 살고 있었던 것 같다. 사람들을 만나는데 그렇게 적극적이지도 않았고, 그야말로 밥 먹고 사느라 다른 사람들을 만날 여유도 없었다. 내가 감당할 수 없는 어려움이 오고 나니, 어느 누구라도 붙잡고 방법을 물어보고 싶고 도움을 받고 싶었다. 가장 처음 답답한 마음에 지역 청소년 전화 상담사에게 전화를 했다. 상담을 받아야 할까 물어봤더니 상담사가 친절하게 얘기해 주었다.

아들아 방황해서 고마워

"어머니, 제 의견으로는 아드님 상황에서는 본인이 변화를 하고 싶다는 마음이 생기고, 상담을 원할 때까지 그냥 지켜보실 수밖에 없어요."

한 번은 교회 집사님이 우리 집 상황을 안타까워하시며, 청소년기에 우리 아들과 비슷한 경험을 하고, 어머니와 끝까지 포기하지 않아준 학교 선생님 덕분에 바르게 성장하여, 지금은 청소년 사역을 하고 계시는 고등부 목사님을 소개해 주셔서 만났다. 처음 만난 목사님 앞에서 아들 얘기를 하고, 목사님의 경험을 들으면서, 아들이 생각나서 눈물을 흘렸다. 목사님과의 대화에서도 결론은 마찬가지였다. 목사님이 도와주고 싶어도, 결국 아들 자신이 도움을 받고 싶다는 마음이 없으면 소용이 없다는 것이었다. 그 때 나는 기다려야 한다는 것을 알게 되었다. 아들의 마음이 스스로 움직일 때까지 시간이 좀 걸리더라도 기다려야 한다는 것을 깨닫게 되었다. 그래서 나는 기다리기로 결심했다. 그리고 생각보다 긴 기다림이 될 수도 있다는 걸 예감할 수 있었기에, 나는 행복하게 잘 기다릴 수 있는 방법을 찾기로 했다. 그러던 중 기적처럼 만난 '오현호' 작가의 청소년기 얘기를 듣고, 처음으로 난 '우리 아들이 끝난 것이 아니구나, 앞으로 변화하고 더 큰 인물로 성장할 수도 있겠구나!'

라는 한 줄기 희망을 가지게 되었다. 청소년기의 방황이 끝이 아니라 그 어두운 터널에서 아이가 스스로 벗어날 수 있도록 단 한 사람이라도 믿고 지지해주고 기다려 주면, 아이는 그 방황의 경험으로 인해 성장하여 더 큰 날개를 달수도 있다는 생각이 들기 시작했다. 지금까지도 힘들게 왔고, 앞으로도 방황의 시간이 얼마나 더 남아있을지 예측할 수는 없지만, 반드시 변화할 수 있다는 희망이 내 안에서 생겨나자 나는 아이를 위해서 무엇을 해야 할까라는 방향으로 생각을 전환하기 시작했다.

오현호 작가는 자신의 청소년기의 방황과 변화하겠다는 의지를 가진 후, 자신의 변화의 경험과 성공의 경험을 그의 책『부시파일럿, 나는 길이 없는 곳으로 간다.』에 담아놓았다. 그의 강연과 방송을 모두 찾아본 후, 난 그의 책을 읽으면서 생각했다. 아들을 보며 늘 불안해하고, 아들이 뭔가를 억지로 찾도록 재촉하고, 충고하고, 강요하기 보다는, 우선 나 자신이 나의 삶을 찾아가겠다고 생각했다. '아이는 부모의 뒷모습을 보고 자란다.'는 얘기가 있다. 수백, 수천 번 말로 아이에게 가르치려 하기 보다는, 내가 정말 나의 삶을 찾아가며 의미 있는 삶을 살아가는 모습을 보여준다면, 아이는 시간이 걸려도 분명 자기 삶을 찾아갈 것이다. 아이의 뇌 속에

아들아 방황해서 고마워

나의 삶의 태도와 모습, 성과, 그리고 변함없는 아이에 대한 믿음과 사랑 등이 꾸준히 각인이 될 것이다. 그래서 나는 몇 가지 중요한 결심했다.

'내가 정말 원하는 것을 하며 살겠다.'

'내가 소중히 여기는 가치를 어떤 상황에서도 흔들리지 않고, 일관성 있게 실천하겠다.'

'아이에게 사랑을 온전히 표현하되, 한 발짝 물러나서 보겠다.'

'아이에게 큰 테두리의 규율이나 가치관은 꾸준히 심어주되, 사소한 것들을 강요하지 않겠다.'

'아이 스스로 결정하고 책임지는 시간들을 기다려 줄 것이다. 그것이 비록 부모로서 지켜보기 힘든 시간들일지라도 기다려 줄 것이다.'

'그 동안 원망만 하던 남편과 내 자신의 행복을 위해 사이좋은 친구가 될 것이다.'

'나 자신이 하루하루 더 나은 내가 될 것이다.'

'아들의 경험을 통해 변화된 나는 더 많은 아이들을 사랑하고 끌어안아 줄 것이다.'

'나와 내 가족들을 위해 끊임없이 도전할 것이다.'

'모든 아이들이 행복한 삶을 누릴 수 있도록 이바지하며 살 것이다.'

아들의 방황 이후 나에게는 다소 거창해 보이는 목표도 생겼다. 나는 여태까지 오직 내 아이만을 바라보며 살았고, 다른 누군가와 함께 하는 세상을 살 수 있다는 것을 까맣게 잊고 살았던 나의 지난날을 진심으로 후회하게 되었다. 인간의 본성은 근본적으로 타인과 함께 웃으며 행복을 나눌 때 더욱 큰 행복을 느낀다는 사실을 잊고 살았다. 이제부터는 내 주변에 있는 수많은 사람들과 함께 행복한 세상을 꿈꾸며 살아가리라 결심해 본다.

'오현호' 작가로부터 찾은 촛불 같은 희망을 시작으로 난 청년들이 어떻게 생각하고, 어떻게 살아왔는지 궁금해졌다. '오현호' 작가와의 4주간의 '미라클 모닝 스터디'가 끝나고, 스터디의 다른 기수들과 함께하는 '미라클 모닝 숲속 워크샵'이 진행되었다. 평상시엔 바쁘다는 핑계로 주말에 생기는 다른 스케줄들을 항상 피했었는데, 이제부터는 삶의 다른 방향에도 눈을 돌려보겠다는 생각으로 워크샵을 신청하고 참여했다. 더 많은 사람들과 얘기해보고 싶었고, 다른 이들의 삶을 바라보며 내 삶에 변화를 주고 싶었다.

나는 현재 '미라클 모닝' 모임을 통해 만난 청년들과 '엄남미' 작가님이 이끌어 주시는 새벽 독서모임에 2019년 9월부터 꾸준히 참여하고 있고, 이렇게 새벽을 함께하는 이들에게는 뭔가 특별함이 있었다. 특히 미라클 새벽 독서모임에는 다양한 직업과 연령대의 사람들이 모인다. 모두 다르고 개성도 강하지만, 그들에겐 공통점들이 있다. 자신의 삶에 주체적이고 적극적이라는 점. 그리고 타인과의 관계에도 적극적이며 자신만이 아니라 많은 이들을 위한 선의를 추구한다는 점이다. 20대, 30대에 그러한 가치관을 가지고 행동한다는 것이 내게는 정말 신선한 충격이었다. 그럼 그들은 과연 어떻게 그런 가치관과 삶의 태도를 가지게 되었을까? 궁금했다. '미라클 모닝'과 독서모임을 함께 하는 인맥으로 이 아줌마가 용기를 내어 그들에게 인터뷰 요청을 했다. 이렇게 스스로 만들어간 의지로 열정 넘치는 삶을 살아가는 청년들도, 모두 사춘기의 열병을 앓았었다. 새벽 독서모임의 시간의 특성상 스스로 마음을 먹지 않으면 지속하기 어렵다. 내가 인터뷰를 요청했던 청년들은 모두 다른 방식으로 청소년기를 그리 쉽지만은 않게 보냈지만, 그 시기를 보낸 후 더욱 성장하여 삶을 주체적으로 살아가고 있는 이들이다. 사실 난 이들에게 많은 것을 느끼고 배우고 있는 중이다. 50을 바라보는 아줌마를 감동시키고 배움을 나눠준 이 멋진 청년들에게 다시 한 번 감사의 마음을 전하고 싶다.

이름 : 신동우(30세)

지금 당신은 어떤 일을 하고 있습니까?

헬스 트레이너입니다.

지금 그 일을 하고 있는 특별한 이유가 있습니까?

제 삶에서 우선순위는 건강이 먼저라고 생각해서, 몸의 구조를 잘 알아야하는 헬스를 마스터하고 싶다는 마음에 시작하게 된 계기가, 지금의 자리까지 쭉 이어져오고 있습니다.

당신은 왜 그렇게 열심히 살고 있습니까?

열심히 살아야지 하는 마음가짐을 가지고 사는 건 아닙니다. 하루하루 살아가다 보니 할 것이 많아서 여기까지 오게 되었고, 앞으로 결혼도 해야 되고, 아이도 낳아야 되고, 집도 사야 되고, 태어날 아이들 대학도 보내야 되는데, 이대로 살면 가난하게 살게 되니, '아 안 되겠다. 이대로 가면 어느 하나 제대로 갖출 수 없겠구나.' 하는 마음가짐으로 출발하였습니다.

청소년기를 어떻게 보내셨습니까?

말도 마세요. 아마 저 같은 아들 또 낳겠냐 하면, 저는 못 낳을 것 같습니다. 비행청소년이 괜히 있는 단어가 아니라는 것을 실감하게 할 만큼 비행하였습니다. 학교도 안 가고, 야자도 빼 먹고. 그냥 학교가 싫어서 답답하니 나왔지만, 막상 할 것도 없고. 그러다 보니 어울리게 된 친구들이 그렇게 질적으로 좋은 친구들은 아니었던 것 같습니다.

우리나라의 학교와 교육시스템에 대해 어떻게 생각하십니까?

우리나라 학교 교육 시스템은 공장에서 물건 찍어 내는 방식으로 학생들을 대한다고 생각합니다. 자녀들이 대기업에서 만든 학교를 가기 위해 부모님은 아침에 일어나서 저녁까지 일한 노동의 대가를 거기에 쏟아부어야 합니다. 또 졸업해서 대기업을 다니기 위해 면접보고, 해외 실적을 쌓고, 커리어를 높이기 위해 열심히 고군분투하여 대기업에 취직합니다. 그리고 다시 결혼하고, 애 낳고, 다시 똑같이 대물림하는 삶. 이것이 우리나라의 대부분의 학교들이 추구하는 교육 방식이 아닐까 생각합니다.

당신은 지금 어떤 사람인지 10자 이내로 짧게 정의 내리면?

지상 최고의 사나이

앞으로의 목표와 비전은 무엇이고? 앞으로 어떤 삶을 살기를 원하십니까?

세계 최고의 강연가가 되고 싶습니다. 원하는 대로 자유와 게으름을 피울 수 있는 재력가도 되고 싶습니다. 모든 사람에게 귀감이 되는 삶을 살고 싶습니다. 봉사단체 만들어서 워렌 버핏, 빌 게이츠처럼 전 세계 기아 식량난의 30%를 해결해 줄 수 있는 기업을 설립하고 싶습니다.

당신의 행동원칙은 무엇입니까?

목표한 것은 반드시 이루고, 모든 상황에 스스로 부끄럼 없이 행동하며, 어떤 역경 속에서도 한 걸음 물러서서 긍정적인 부분을 바라볼 수 있는 멘탈을 갖으려고 노력합니다. 나는 언제나 승리한다고 생각합니다.

현재의 후배 청소년들에게 해주고 싶은 말은 무엇입니까?

그 때에 하고 싶은 거 다 해보고, 즐길 수 있는 것들은 그때 모두 경

아들아 방황해서 고마워

험해봐야 된다 생각합니다. 당구, 스포츠, 연예, 사랑, 게임, 하루 종일 뒹굴기 등 질릴 때까지 해보고 싶은 거 다 해보고, 정말 본인이 하고 싶은 게 무엇인지 생각해내는 것이 중요합니다. 예를 들어 돈을 많이 벌고 싶다고 하면, 돈을 많이 벌 수 있는 직업이 뭐고, 그것 중에서 자신에게 끌리는 것을 선택해서 도전해 보는 것이 중요합니다. 그것을 도전해서 그 업종의 최고의 전문가를 만나보고, 내가 저 사람처럼 살게 되면, 과연 기쁠지, 행복할지, 미련 없이 이 길을 선택해도 되는지, 따져본 다음 그 사람을 롤 모델로 삼아야 합니다. 이렇게 하는 것이 조금 어려우면, 일단 자신이 하고 싶은 거부터 해보고, 똑같이 실수하는 삶은 더 이상 되풀이 하지 말아야 합니다.

신동우님은 나이 30살에 본인의 헬스클럽을 2개 가지고 있었고, 내가 책을 준비하는 중에도 3호점과 4호점을 오픈했다. 지독하게 가난했던 어린 시절에 방황으로 인해 타인에게 무시당했던 경험을 후회나 타인에 대한 미움으로 남기지 않고, 긍정적인 에너지로 바꾸어, 현재는 성공한 사업가가 되어, 선한 영향력을 끼치는 사람이 되고 싶다고 한다. 목표를 향해 가는 길에 할 수 있는 도전이라면 주저하지 않고 실천하는 엄청난 실천가이다. 그의 정신은 바로 Just do it!

이름: 이규태(27세)

지금 당신은 어떤 일을 하고 있습니까?

아이들을 가르치며 즐겁게 수영강사로 일하고 있습니다.

지금 그 일을 하고 있는 특별한 이유가 있습니까?

저는 어려서부터 물에서 수영하는 것을 너무 좋아했습니다. 그리고 또 다른 이유는 솔직히 경제적인 부분 때문에 돈을 벌기 위해서입니다.

당신은 왜 그렇게 열심히 살고 있습니까?

내가 내 인생을 위해서 스스로 무엇인가를 안 하게 되면, 내 인생은 조금도 바뀔 수 없다는 것을 알고 있기 때문입니다.

청소년기를 어떻게 보내셨습니까?

청소년기는 특별히 기억에 남는 것이 없는 것 같습니다. 공부에는 흥미가 없었고, 다른 아이들처럼 평범하게 지냈습니다.

우리나라의 학교와 교육시스템에 대해 어떻게 생각하십니까?

학교에서는 글자의 의미를 외우기만 하지 이해하라고 하지 않았습니다. 정작 중요한 것은 글자의 대한 의미를 넘어서 이해인데도 말입니다. 그래서 저는 어리고 반항적인 마음으로 학교 공부를 열심히 하지 않았습니다.(3번으로 쫙 찍음)

당신은 지금 어떤 사람인지 10자 이내로 짧게 정의 내리면?

좋아하는 것을 하는 사람

앞으로의 목표와 비전은 무엇이고? 앞으로 어떤 삶을 살기를 원하십니까?

제가 사랑하는 사람들을 지킬 수 있는 강인한 사람이 되고 싶습니다. 남들에게 부끄럽지 않고, 항상 정직한 삶을 살고 싶습니다. 즐거운 삶과 행복을 주는 삶이 되었으면 합니다.

당신의 행동원칙은 무엇입니까?

저의 행동원칙은 항상 정직하기와 성실하기입니다. 그리고 내게 주어진 모든 일에 열정적이기를 바랍니다.

현재의 후배 청소년들에게 해주고 싶은 말은 무엇입니까?

'너희들 잘못이 아니야. 그 대신 잘못된 일은 바로잡아야 해.' 저도 공부가 싫고 재미가 없었습니다. 근데 지금 공부를 하고 있는 게 참 아이러니하죠. 지금은 제가 재미있어서 합니다. 늦지 않게 좋아하는 것을 찾고, 그것을 어서 하라고 당부하고 싶네요. 당신들의 잘못이 아닙니다. 다만 아무것도 하지 않는다면, 아무것도 바뀌지 않습니다.

이규태님은 현재 수영강사 생활을 하면서, 공부도 열심히, 운동도 열심히 하고 있고, 철인 3종 경기 등에 도전하기도 하면서, 자신이 좋아하는 것을 해 나가는 멋진 삶을 살고 있다. 학창 시절에 주입식 교육으로 흥미가 없었던 공부이지만, 요즘은 스스로 책을 읽고, 독서모임에 나가고, 의미 있는 활동들을 한다. 그것이 바로 자유의지이다. 사람은 누구나 타인에 의해 강요당하는 삶이 아닌, 스스로 결정하는 삶을 살아갈 때 주체적이고 적극적일 수 있다. 규태님의 공부에 관한 얘기가 많이 공감이 간다.

아들아 방황해서 고마워

이름: 김시현(21세)

지금 당신은 어떤 일을 하고 있습니까?

저는 교육 실습생(KPA 국제학교)입니다.

지금 그 일을 하고 있는 특별한 이유가 있습니까?

어린 아이들을 좋아하고, 가르치는 일을 좋아하기 때문입니다. 제가 학생일 때 알았으면 좋았을 지혜들을 꼭 가르쳐주고 싶었습니다.

당신은 왜 그렇게 열심히 살고 있습니까?

저와 같은 삶을 겪은 친구들과 저와 같은 상처와 아픔을 겪은 친구들에게 위로와 행복을 나눠주고, 할 수 있다는 자신감을 주기 위해서 내가 먼저 좋은 본보기가 되어야 한다고 생각하기 때문입니다. 또한 세상은 우리가 생각하는 것보다 너무나도 넓다고 생각됩니다. 세상을 거대한 숲이라고 가정하면, 지금 내가 보고 있는 것은 몇 그루의 나무밖에 되지 않습니다. 그 숲을 선하고 올바르게 다스리기 위해서는 숲을 볼 수 있는 능력이 있어야 합니다. 그 능력을 가지기 위해 저는 오늘도 열심히 하루를 살아갑니다.

청소년기를 어떻게 보내셨습니까?

제가 보낸 청소년기를 모두 여기에 적으려면 해야 할 이야기가 너무 많고 길지만, 짧게 요약한다면, 저는 일반 고등학교를 다니다가 '이대로 졸업하고, 대학교에 들어가게 되면, 남들과 비슷한 대학교에 들어가서, 비슷한 인생을 살게 되겠다!'라는 걱정스러운 생각에 자퇴를 결심하고, 국제학교(대안학교)에 들어갔습니다. 대안학교는 설립된 지 6년밖에 되지 않아 학교가 미약했고, 교육환경도 그렇게 좋은 편은 아니었습니다. 중간 중간 정말 힘든 일도 많았고, '내가 한 선택이 옳은 선택인가?'하는 생각에 혼자 울었던 적도 많았지만, 지금은 저의 선택이 하나도 후회되지 않습니다. 비록 공교육 기관인 일반 고등학교로부터 자퇴를 했지만, 덕분에 소중한 사람들을 만났고, 그 안에서 소중한 인생을 배웠기 때문입니다. '고등학교 졸업'이라는 스펙, 그 이상의 가치를 얻었기 때문입니다. 보통의 친구들이 학교로부터 '지식'을 배울 때, 저는 삶으로부터 더 값진 '지혜'를 배웠습니다.

우리나라의 학교와 교육시스템에 대해 어떻게 생각하십니까?

제가 생각하는 대한민국 교육시스템의 가장 큰 문제점은 공부로만 아이들의 존재를 판단하고 평가한다는 것입니다. 학생들의 내면에 숨어 있는 원석을 찾아내고, 그 원석을 다듬어 보석으로 만들 수 있도록 지도해 주는 교육이 시급히 필요하다고 생각합니다.

당신은 지금 어떤 사람인지 10자 이내로 짧게 정의 내리면?

부드럽지만 단단한 사람

앞으로의 목표와 비전은 무엇이고? 앞으로 어떤 삶을 살기를 원하십니까?

잘 준비해 건실한 사업가가 되어서 경제적인 자유를 누리고, 이 자유를 제 주변에 많은 사람들에게 나누어 줄 수 있는 사람이 되고 싶습니다. 그리고 앞으로 평생 예수님의 삶을 살고 싶습니다.

당신의 행동원칙은 무엇입니까?

"Do your best, God will do the rest" 성경말씀이 곧 행동원칙입니다.

현재의 후배 청소년들에게 해주고 싶은 말은 무엇입니까?

A급 대학교에 들어갔다고 해서 A급 인생을 살 수 있는 게 아니고, C급 대학교에 들어갔다고 해서 C급 인생이 정해지는 게 아닙니다. 다른 사람이 판단하는 나의 모습이 진짜 나의 모습은 아닙니다. 무한한 가능성을 가지고 있다는 걸 믿어야 합니다. 수능이 공부의 끝이라고

생각하지 말아야 합니다. 현실은 절대 그렇지 않습니다. 제가 생각하기에 진짜 공부는 20살부터 시작이라고 생각합니다. 학교에서 가르치는 건 지식이고, 사회에서 요구하는 건 지혜입니다. 지금까지 읽었던 책보다 앞으로 더 많은 책을 읽어야 합니다. 그 책 한 권 한 권에는 어느 누군가의 수십 년의 삶이 담겨져 있습니다. 한 권의 책을 읽는다는 것은 저자의 인생을 대신 살아보는 것입니다. 수많은 책으로부터 수많은 지혜가 나옵니다. 그리고 우리는 경제지식을 길러야 합니다. 자본주의 시대에 살아가면서 학교나 사회에서는 누군가 나를 위해 자본주의에 대해서 가르쳐주지 않습니다. '뭔가 이상하지 않은가?' 우리는 "돈을 사랑하는 것이 악의 근본이다."라는 말을 우리는 많이 들어왔습니다. 하지만, 사실 대부분의 부자들은 돈을 사랑하지 않습니다. 오히려 가난한 사람들이 더 돈을 사랑하고, 돈에 굶주리고 있습니다. 우리는 돈을 사랑하지 않기 위해서 돈에 대해서 더 자세하고 확실하게 공부해야 한다고 생각합니다.

김시헌님은 취업을 해서 열심히 일을 하고 국내외 선교 봉사를 다니면서 많은 아이들을 돕고 있고, 그 경험으로 현재는 모교인 대안학교에서 교육실습 중이다 곧 군입대를 앞두고 있기도 하다. 그밖에 작곡도 하고, 자작곡 곡을 연주하여 녹음을 하기도 했다. 인

아들아 방황해서 고마워

생에 대한 많은 고민과 탐색을 하면서 자신의 의미 있는 삶을 한 걸음 한 걸음 찾아가는 이 청년의 삶이 정말 아름답다.

■ Interview 4 ■

이름: 박태수(25세)

지금 당신은 어떤 일을 하고 있습니까?

현재 한의예과 편입을 준비 중입니다.

지금 그 일을 하고 있는 특별한 이유가 있습니까?

평소에 인간의 몸에 대한 관심이 많아 한번 공부해보고 싶어서 준비하고 있습니다.

당신은 왜 그렇게 열심히 살고 있습니까?

열심히 산다고 말하기 보단 가급적 즐겁게 살고 있습니다. 즐거운 일들 위주로 찾아서 하고 있습니다. 나에게 즐거운 일이니 자연스레 관심을 갖고, 많은 시간을 투자하게 되고, 그러다 보니 좀 더 잘하게 되고, 잘하게 되면 더 재밌어지니, 잠자는 것도 잊고, 그 재미나고 즐거운 일에 몰두하게 됩니다. 그런 나의 모습을 보고, 주위 사람들이 열심히 산다는 말을 해 주십니다.

청소년기를 어떻게 보내셨습니까?

청소년 시기는 제게 의문의 시기였습니다. 여러 가지가 모두 의문이
었습니다. 난 왜 학교를 다녀야만 하는지, 난 이 공부를 왜 해야만 하
는지, 왜 일단 대학을 가야 하는지, 난 무엇을 좋아하는 사람인지, 그
런 고민들을 하며 혼자 끙끙 앓으며 힘겹게 청소년기를 보냈습니다.

우리나라의 학교와 교육시스템에 대해 어떻게 생각하십니까?

스스로에 대한 고민을 할 시간을 주지 않습니다. 내가 무엇을 좋아하
는지 알고 대학을 가야 하는데, 일단 대학을 가서 생각하라고 합니다.
저는 대학이 취업을 위한 관문이 아니라, 우리 인류가 쌓아 놓은 지식
들을 공부하는 성스러운 곳이라 생각합니다. 그런 대학이 취업을 위
해 가는 곳으로 치부된다는 사실이 안타깝습니다. 그러다 보니 학생
들은 '왜?'라는 의문을 갖기보다는, 기계처럼 시키는 대로 별 생각 없
이 공부를 하게 됩니다. 그런 시스템은 학생들에게 '생각하는 방법'을
잊게 하고 '주체적으로 사는 것' 이 무엇인지 잊게 만듭니다. 또한, '좋
은 대학을 못 가면 인생의 실패자.'라는 선생님과 부모님들의 공포감
조성 때문에 좋은 대학을 가지 못한 학생들은 자신에 대한 자존감과

자신감을 잃게 됩니다. 자신의 성적이 5등급이 나오면, 자신도 그저 5등급 정도 되는 사람이라 착각하게 됩니다. 공부가 아니어도 잘하는 게 분명 있을 텐데 말이죠. 그런 시스템에서 고등학교를 졸업한 학생들의 대부분은 자존감과 자신감을 잃은 채 어른이 되고, 그런 어른이 된 아이들은 스스로를 낮추고, 도전하길 꺼려하며 살게 됩니다. 이런 시스템에 대해 전 상당히 안 좋게 보고 있습니다.

당신은 지금 어떤 사람인지 10자 이내로 짧게 정의 내리면?

나답게 사는 사람

앞으로의 목표와 비전은 무엇이고? 앞으로 어떤 삶을 살기를 원하십니까?

사회 시스템을 바꿀 정도의 힘이 있는 사람이 되고 싶습니다. 박태수라는 사람이 살 수 있는 여러 경우의 수 중에 가장 이상적인 삶을 살고 싶습니다. 세상에 제가 쏟아 낼 수 있는 모든 선한 영향력을 최대치로 나누고 살고 싶습니다.

당신의 행동원칙은 무엇입니까?

작은 일에도 소홀히 하지 않고, 모든 정성을 다하자.

현재의 후배 청소년들에게 해주고 싶은 말은 무엇입니까?

청소년들은 직업탐구 전에 자기탐구가 선행되어야 합니다. 현실적으로 학교와 부모님들처럼 방해적인 요소가 있지만, 감수성 넘치는 그 나이에 자신에 대해 충분히 고민해 보시길 바랍니다.

박태수님을 처음 만난 날부터 나는 그의 비판적인 사고능력에 감탄을 하지 않을 수 없었다. 달리 생각하기의 '고수'라고나 할까? 그가 그렇게 창의적이고 비판적인 사고능력을 가질 수 있었던 것은, 그가 충분한 시간을 두고 자기를 알아가는 시간을 가졌었기 때문이라 생각된다. 그는 고3 시절 부유한 가정에서 한 달 용돈을 300만원씩 받아가며 열심히 공부하던 학생이었다. 부모님의 충분한 경제적 지원 속에 고 3 한 해만 버티면 되는 상황이었는데, 그는 부모님 품에서 뛰쳐나갔다고한다. 인터뷰내용에서 볼 수 있듯 그는 스스로에 대한 고민도 할 수 없이 모두가 함께 향하는 방향으로 쉴 새 없이 달려가던 그 시간이 힘겨웠던 것 같다. 그는 부모님이 찾을 수 없는 경상도 깊은 산골의 어느 절을 찾아 2년이란 세월 동안 자신을 알아가는 시간을 가졌다고 한다. 절에서 세상으로 다시 돌아온 그는, 그 다음 1년 동안 열심히 일을 하여 비록 월세지만 부모님의 도움 없이 스스로 거처할 집을 마련했고, 그 다음

아들아 방황해서 고마워

해에는 전세 집을 구했다고 했다. 스스로의 삶을 만들어 가고 있는 자신을 무척이나 마음에 들어 했다. 그의 진솔한 경험을 들으며 자신을 알고자 끊임없이 탐색하고, 스스로의 가치를 인정받아야 행복한 인간의 본성에 대해서 다시금 생각을 해보게 되었다. 인간은 스스로 자신을 찾아가는 과정이 있어야 진정으로 성장할 수 있는 존재들이 아닐까 한다.

■ Interview 5 ■

이름: 김경환(27세)

지금 당신은 어떤 일을 하고 있습니까?

작은 카페를 2년째 운영 중입니다.

지금 그 일을 하고 있는 특별한 이유가 있습니까?

이 일과 사랑에 빠졌기 때문입니다. 열심히 한 만큼만 벌어갈 수 있는 이 정직한 직업이 좋습니다.

당신은 왜 그렇게 열심히 살고 있습니까?

열심히 살지 말아야 할 이유는 무엇일까요? 삶에는 단순히 '좋아하는 일'을 해야 하는 것 이외에, 더 다양하고 많은 동기들이 있다고 생각합니다. 그 동기들에 부합한 노력의 과정들은 단연 빛나는 것이고, 때로는 그 동기로 인해 자신이 빛나기도 합니다. 그 동기가 돈이든, 꿈이든, 결국 중요한 것은 삶에 대한 나의 태도라고 생각합니다.

청소년기를 어떻게 보냈습니까?

부모님의 이혼으로 방황의 시기를 보내고, 아버지와 함께 자랐습니다. 아버지가 저에 대한 관심과 신경이 많은 것은 아니었지만, 옳고 그른 것에 대해서는 명확하고 고집스럽게 혼내고 훈계하셨습니다. 그래서 방황은 했지만, 그렇다고 악의적인 행동들은 하지 않으며 자랐고, 지금처럼 건강한 생각들을 하며 살아갈 수 있게 되었습니다.

우리나라의 학교와 교육시스템에 대해 어떻게 생각하십니까?

교육시스템은 제가 그와 관련된 일을 하고 있지 않아 잘 모르겠지만, 살아오며 가장 크게 느낀 것 중 하나가 결국 자신이 깨닫지 않으면 크게 와 닿지 않는다는 점 이었습니다. 정말 다양하고, 폭넓고, 그리고 깊은 경험들을 할 수 있는 환경을 만들어주는 것이 중요한 것 같습니다.

당신은 지금 어떤 사람인지 10자 이내로 짧게 정의 내리면?

동네 사랑방 '윈드' 사장님

아들아 방황해서 고마워

앞으로의 목표와 비전은 무엇이고? 앞으로 어떤 삶을 살기를 원하십니까?

카페를 하며 많은 것들을 배웠습니다. 단순히 가게 업무 이외에도 일을 하며 만나는 사람들과 겪게 되는 상황들을 하나씩 알아가고, 극복해가고, 그 경험들을 통해 성장해 간다는 느낌을 받는 일이 굉장히 가슴 벅찹니다. 현재는 앞만 보고 달려가고 있습니다. 지금처럼 젊은 나이부터 '워라밸('Work-life balance'의 준말)'을 쫓고, 편안함만을 추구한다면, 훗날에 제가 목표로 하는 내가 되지 못할 거라는 확신이 있습니다. 또 저의 노력들이 당장은 빛을 발하지 못하더라도 어딘가에 어떤 형태로든 차곡차곡 쌓여 간다고 믿습니다. 그래서 지금 내 일에 할 수 있는 최선의 노력을 정성껏 기울이고 있습니다. 훗날에는 앞만이 아닌, 옆도 바라보고, 주변에 더 베풀 줄도 아는 사람이 되고 싶습니다. 이 분야에 '백종원씨' 같은 전문적인 사람이 되는 것이 미래의 목표입니다.

당신의 행동원칙은 무엇입니까?

정직하고 현명하게

현재의 후배 청소년들에게 해주고 싶은 말은 무엇입니까?

제가 오래 산 것은 아니지만, 삶에 모든 선택과 행동 속에는 대가가 따른 다는 사실을 이해하고 살아갔으면 좋겠습니다. 우리의 손은 두 개입니다. 무언가를 잡기위해서는 지금 쥐고 있는 무언가 하나를 놓을 줄도 알아야 합니다. 놓아버린 그것이 무엇이 되었건 간에, 건강한 후회심은 갖되 미련은 갖지 말고, 지금 가진 것에 집중하다 보면, 또 새롭고 좋은 삶이 있습니다. 인간이기에 실수도 있고, 나쁜 생각이 들 때도 있는 것은 당연합니다. 그럼에도 좋은 습관을 많이 갖고, 옳은 마음을 많이 가진다면, 주변에 비슷한 기운을 가진 많은 사람들이 여러분을 알아봐 줄 것입니다. 그리고 사소한 것에도 더 많이 행복해 하라고, 그렇게 말해주고 싶습니다.

김경환님은 내가 달리기를 하면서 만나게 된 인연이다. 여러 코스로 달리기를 하지만, 내가 좋아하는 달리기 코스는 우리 동네에 있는 작은 호수공원을 지나 나무가 우거진 산책로로 달리는 코스이다. 그는 그 작은 호수공원에 있는 카페 중 한 곳의 젊은 사장님이다. 처음엔 커피가 맛있어서 가게 되었다. 그가 만드는 커피와 음료에는 일종의 혼이 들어가 있다고 할까? 그의 정성이 음료를 마시면서 우리에게 전해질 정도로 그는 음료 한 잔을 만드는데 최

아들아 방황해서 고마워

선을 다하고, 손님들을 대하는 그의 태도는 나의 호기심을 자극할 정도로 젊은이들에게 보기 드문 모습이었다. 그가 만드는 커피 한 잔과 파운드 케이크 하나에도 진심으로 정성을 다하고, 마주하는 사람 하나하나에도 진심을 다하는 모습을 보며 그에 대해 알고 싶어 졌다. 무엇이 그의 삶의 태도를 만드는 원동력인지가 정말 궁금해졌다. 부모님의 이혼으로 중학교 시절 학업에 열중하지 못했던 그는 상업고등학교에 진학하게 되었고, 그곳에서 선생님들께 인정을 받기 시작하면서, 책을 읽고 공부를 하기 시작했다고 한다. 그리고 상업고등학교에서는 어려운 대학진학에도 성공을 하였다.

어렵게 대학에 진학을 했지만, 오랫동안 공부를 해오던 다른 친구들에 비해 공부가 만만치는 않았다고 한다. 그래서 그는 학과 외의 동아리 활동과 외부활동에 눈을 돌렸고, 다양한 경험을 했던 것 같다. 그는 해병대를 자원해서 갔는데 군대 생활이 힘들어서 틈만 나면 책을 읽었다고 한다. 군대에서 읽은 책만 200여 권! 군대를 제대한 후 다양한 카페에서 일을 배우고, 사장님들께 인정받는 경험을 한 것이 그가 무엇이든 열심히 하게 된 원동이 되었다. 그 후에도 그는 길거리 카페 등 스스로 하나하나 도전해 오며, 경험과 노하우를 쌓아갔고, 지금은 우리 동네에서 가장 음료가 맛있는 카페의 사장님이 되었다고 자신 있게 말해주고 싶다. 그의 얘기를 들으며, '인정받는 경험'을 통해 스스로 느껴서 행동하고, 도전하는 과정이 있었기에 25살의 나이에 자신만의 가게를 가질 수 있게 되었고, 2년이 지난 지금은 더욱 성장하고 있는 그를 볼 수 있다. 아이들은 언제 어디서든 자신을 인정해주고, 격려해 주는 이를 마주하게 된다면, 희망을 가질 수 있을 것이다. 그리고 그것이 삶의 양분이 되어 그 아이들을 무럭무럭 자라게 해줄 것이다. 나도 나의 자녀뿐만 아니라, 살아가면서 만나는 아이들 중 단 한 명에게라도 '인정받는 경험'을 겪도록 해서 그들에게 희망을 줄 수 있는 어른이고자 한다.

■ Interview 6 ■

이름: 김다혜(32세)

지금 당신은 어떤 일을 하고 있습니까?

현재 잠실에서 영어 교습소를 운영하고 있습니다.

지금 그 일을 하고 있는 특별한 이유가 있습니까?

처음에는 미국에서 살면서 영어가 너무 즐거웠고, 그 즐거운 기억으로 아이들을 가르치게 되었습니다. 하지만, 대한민국에서 영어는 다른 더 넓은 세계를 나아갈 수 있는 수단이 아니라, 아이들에게 힘든 공부이자 스트레스인 교과목의 하나인 것이 너무나 안타깝습니다. '즐겁고 행복하게 배우면 뭐든지 재밌다.'라는 저의 경험을 바탕으로 행복한 영어 학원을 만들자는 목적을 가지고 시작하게 되었습니다.

당신은 왜 그렇게 열심히 살고 있습니까?

제 주변에는 열심히 사는 사람들이 많습니다. 청소년기에는 그리 열심히 살지 않았지만, 미국에서의 경험이 열심히 살기로 한 시작이 되었습니다. 한 학기에 천만 원이 넘는 학비는 과거 게으른 저를 채찍질했고, '4년 만에 졸업'이라는 목표를 이룬 성취감에 젖어, 배움의 즐거움을 느끼기 시작해 이것저것 해보기 시작했습니다. 지식이 늘어나고 경험이 많아질수록 세상은 더 커 보이고, 아직 할 게 많다는 것을 느낍니다. 지금 느긋느긋하게 보내면 내게 주어진 시간을 가치 있는 삶으로 보낼 수 없다는 것을 알기에 오늘도 열심히 삽니다.

우리나라의 학교와 교육시스템에 대해 어떻게 생각하십니까?
청소년기를 어떻게 보내셨습니까?

'스카이 캐슬' 이라는 드라마를 보셨나요? 저는 초등학교 6학년 때부터 하교 후 대치동 학원가에서 공부를 시작했습니다. 중학교 때에는 새벽 1~2시까지 학원에 있었던 기억이 아직 남아 있습니다. 무리한 선행학습으로 인해 초등학교 땐 중학교 수업을 했었고, 중학교 때엔 이미 고등학교 수업을 했었습니다. 학교의 필요성은 점점 더 없어지고, 학교라는 곳은 그저 친구들을 만나는 만남의 장소로 느껴졌던 것 같습니다. 과한 선행학습은 좋지 않다는 걸 몸소 느꼈고, 즐겁게 공부하자를 모토로 영어 학원을 시작하게 되었습니다.

당신은 지금 어떤 사람인지 10자 이내로 짧게 정의 내리면?

함께 있으면 행복한 친구

앞으로의 목표와 비전은 무엇이고? 앞으로 어떤 삶을 살기를 원하십니까?

앞으로의 목표는 영어업계 1위를 찍는 것입니다. 뭐든지 하나를 하면 한 번쯤 최고를 찍어보고 싶습니다. 제가 좋아하는 일을 하고 좋아하는 취미를 즐기는 '워라밸('Work-life balance'의 준말)'을 적절히 조절할 줄 아는 삶을 살고 싶습니다.

아들아 방황해서 고마워

당신의 행동원칙은 무엇입니까?

내가 선택한 일은 항상 최선의 선택이었으므로 후회하지 말 것

현재의 후배 청소년들에게 해주고 싶은 말은 무엇입니까?

남들이 하는 것을 찾지 말고, 자신이 좋아하고 관심 있는 것이 무엇인
지 먼저 찾았으면 좋겠습니다. 모든 과목의 공부를 다 잘 할 필요는
없습니다. 한 분야에 푹 빠진 전문가는 모두 다 멋있으니까요.

김다혜 원장님은 나와 같은 영어 프랜차이즈를 가맹한 인연으
로 만나 원장님들 모임을 함께 주최하기도 하고, '한국 미라클 모
닝' 까페 모임에도 함께 나가기도 한다. 김다혜님은 내가 모임에서
만난 유일한 젊은 여성분이었다. 자신의 어릴 적 힘들었던 교육 경
험을 긍정적인 방향으로 전환하여 많은 아이들에게 사랑과 열정
을 쏟아 붓는 멋진 젊은 선생님이라 자신 있게 소개할 수 있고, 아
이들의 정서와 성품에도 좋은 영향력을 끼칠 앞으로 많은 기대가
되는 선생님이다.

이 열혈 젊은이들은 내가 일을 하면서, 자기계발 모임에서, 동네
에서 달리기를 하다가 이곳저곳에서 만난 사람들이지만, 그들에게

는 한 가지 공통점이 있다. 그것은 그들이 모두 성장 과정에서 겪었던 어려움을 긍정적인 에너지로 전환하였다는 점이다. 그리고 그들은 현재 자신의 의지로 삶을 주체적으로 살아가고 있다. 이 훌륭한 젊은이들을 보면서 많은 청소년들이 세상에 긍정적인 영향을 미치고, 자신이 그토록 원하는 삶을 행복하게 살아갈 수 있는 건강한 젊은이들로 자라났으면 좋겠다는 행복한 생각을 해본다.

아들의 방황이 시작된 후, 내가 처음으로 했었던 것은 아들을 잘못 길렀다는 자책이었다. 그리고 내가 부족한 엄마여서 아이들에게 한없이 미안한 감정을 느끼며, 스스로 반성이라는 것을 하기 시작했다. 그리고 자책과 반성의 시간을 보낸 후, 나는 내 아들의 일상을 찾아주기 위한 행동을 하나씩 해나가기 시작했다. 3년이란 시간 동안 내가 겪은 시련과 내게 주어진 문제들에 슬퍼하고만 있을 수는 없었다. 나는 문제들을 끌어안은 체 머물러 있으려고 하지 않았다. 모든 문제엔 해결책이 있다는 굳은 믿음을 가지고, 적극적으로 해결책을 찾아 나갔다. 처음엔 문제를 해결할 방법도 잘 몰랐고, 아이에게 일상을 찾아줄 수 있을지에 대한 확신도 없었다. 하지만 굳건히 일상을 살아내면서 내가 할 수 있는 만큼 부족한 부분들은 공부를 하고, 실타래를 풀어나가듯 하나씩 하나씩 문제

아들아 방황해서 고마워

들을 직면한 시간들이었다. 어떤 방법들은 아무런 소용이 없었고, 어떤 방법들은 시간이 지나면서 정말 크게 도움이 되기도 했다. 그렇게 보낸 3년이란 시간은 내가 엄마로서 한 인간으로서 한 단계 성장할 수 있었기에 조금도 헛된 시간이 아니었다.

나는 지금도 여전히 부족한 엄마이다. 하지만 적어도 매일 조금씩 나아지고 있는 엄마가 되었다는 사실에 만족스럽다. 그리고 나 자신에 대한 냉철하고 철저한 반성으로 시작했기에 그 다음 단계로 나아갈 수 있었다. 아이들에 대해 고민하고, 공부하고 아이들의 마음이 어떨지 진심으로 이해하고 싶었다. 아이들이 마음을 치유받고, 어엿한 사회구성원으로 성장하여 행복한 삶을 살기 위해 지금 아이들에게 필요한 것이 무엇일까를 먼저 생각해 보았다. 후회하고 슬퍼하는 시간을 뒤로 하고 앞으로 무엇을 할 수 있을지를 먼저 생각해 보았다. 그리고 나 또한 아이들과 함께 행복한 한 인간으로 살아가기 위해 어떤 순간들을 살아내야 할지 근본적인 질문들을 나 스스로에게 해 나가며 3년이란 시간을 지나왔다. 엄마인 나 자신의 가치를 추구하며 행복하게 살아가는 것이 우리 아이들의 행복한 미래에 도움이 될 것이라는 결론을 얻었다. 나 자신을 사랑하며 나 자신에게 부끄러움이나 후회가 없는 삶을 살아간다면, 아이들은 그런 나의 모습을 보며, 진정으로 행복한 삶이 무엇인지 온몸으로 느끼며, 살아가는 방식을 체득할 것이라는 믿음이 생겼다.

책으로부터, 경험한 선배 엄마들의 조언들로부터, 그리고 격렬한 사춘기를 겪고 인생을 멋지게 살아내고 있는 청년들의 이야기들로부터 나는 아이들의 방황이 결코 끝이 아니라는 사실을 확인하였다. 아이들도 엄마들도 지금의 실수와 방황으로부터 배움을 얻을 수 있다면, 더욱 단단하고 행복한 사람들이 될 수 있다는 확신을 얻을 수 있었다. 그리고 나는 지금 이 순간도 아이들의 더 나은 엄마로, 더 나은 한 인간으로 성장하고 있다. 내가 실수를 통해 배울 수 있는 기회를 얻게 되어 감사하다. 외적으로 내적으로 조금씩 성장하고 있는 나의 아이들의 상태에 감사하다. 모든 부모가 처음부터 완벽할 수는 없다. 이 세상의 모든 아이들과 부모들은 각각 속도가 다를 뿐, 언젠가 모두 꽃피울 수 있다는 믿음을 가지고, 스스로를 격려하며 노력을 해 나갈 수 있기를 바란다. 아이들의 사춘기 시절 방황으로 힘들어하는 모든 부모들에게 아이들의 방황은 우리 부모들이 성장할 수 있는 아주 값진 시간이 될 수 있다고 말해주고 싶다. 우리는 모두 하루하루 조금씩 더 나아지는 부모가 되어가고 있다.

아들아 방황해서 고마워

Chapter 3

엄마의 독립

아이들과 함께 자라는 엄마

• 엄마가 처음인 것 고백하기 •

2013년도부터 정말 바쁘게 살아왔다. 벌써 8년째 내 생활은 아이들을 돌보는 일이 아닌 나의 일이 중심이 되었다. 예전에는 아이들이 학교에 갔다 오면, 집에서 맞이해주고, 맛있는 간식도 챙겨주는 엄마 역할을 안 한지가 벌써 8년이 되었다. '눈 깜짝할 사이'라는 게 이런 것이구나 실감한다. 나도 모르는 아쉬움을 8년 동안 가슴속 깊이 늘 가지고 있었던 것 같다. 가만히 생각해보니, 집에서 일할 때는 그 나름의 어려움이 있었던 것 같다. 엄마의 역할은 내게 결코 쉬운 일이 아니었다. 난 태어나 지금까지 살아오면서 내가 세상에서 겪은 모든 일들 중에서 가장 힘들었던 일이 아이들을 기르는 것이라고 생각한다. 아이들을 기르는 일은 내 인생에서 아주 소중하고 중요한 일이었기에 큰 책임감도 많이 따랐었다. 아이들은 시시때때로 변화하는 생명체이므로, 내 의지대로 마음대로 할 수 없는 존재들이었다. 예전에 살던 집의 식탁에 아이들과 둘러 앉아 간식을 먹으면서 화목하게 이런저런 얘기를 하고 있었다. 그때 당시 아이들의 나이가 초등학교 2학년, 3학년 쯤 이었던 것 같다. 나는 늘 일과 시간에 쫓기다 보니 아이들을 다그치기도 하였고, 항상 최선을 다하여 노력했지만, 미안하게도 한없이 늘 부족한 엄마였었다. 그래도 아이들에게 솔직한 엄마이고 싶어서 얘기했다.

"애들아, 엄마도 처음 엄마가 되어 본거야. 그래서 많이 서툴고 부족할 수도 있어. 엄마가 너희에게 사자처럼 화도 가끔 내고, 잘해 주지 못할 때도 많지만, 너희들을 너무나 사랑해. 엄마도 엄마 역할을 처음 하는 거라 어려워서 그러니 너희들이 조금 이해해줘."

지금 생각해보면 우습지만, 아이들에게 부족한 엄마인 걸 솔직하게 인정하고 싶었다. 그 당시 아이들의 대답이 더욱 기가 막혔다.
"엄마! 엄마가 화낼 때도 많지만, 그만하면 좋은 엄마예요."

부족한 엄마를 오히려 위로하는 참으로 이해심 많은 마음 넓은 아이들이었다. 여러분도 모두 첫 째를 임신해서 보낸 시간들과 그 아이가 세상에 태어나던 그 순간들을 기억할 것이다. 우리 모두에게 그 순간들은 너무나도 소중하고 행복한 시간이었을 것이다. 첫 목욕을 시키던 날, 처음 뒤집던 날, 처음 엄마를 부르던 날, 처음 걷기 시작한 날 등 모든 것이 신기하고 소중했을 것이다. 반면에 육아에 대한 두려움도 있었을 것이다. 첫 아이라는 것은 엄마들에게 그렇게 소중하지만, 동시에 하나하나 엄마 역할을 배워 나간다는 것이 두렵기도 했을 것이다. 새 생명에 대한 신기함과 두려움을 가진 이 초보 엄마들은 아이가 조금씩 커갈수록 아이를 다루는 손놀림도 익숙해지고, 두려움도 조금씩 줄어든다. 둘째, 셋째를 낳게 되면 아이를 기르는 모든 면에서 훨씬 더 능숙한 엄마가 되어 간다. 아이가 유아기일 때에는 먹이고, 재우고, 씻겨줘야 하고, 옷도 입혀줘야 하는 등 엄마의 손이 안 거치는 일이 없다. 주변에 선배 엄마들이 '그래도 몸이 힘들 때가 낫지.'라고 조언을 해주어도 마음에 와 닿지 않았었다. 육체적으로 아이들을 돌보느라 혼이 빠졌었기 때문이다. 게다가 나는 12개월 연년생을 길러야 하는 엄마여서 더 혼쭐이 났었다. 그래도 그 시절이 지금에 와서 돌아보면 참 행복한 시절이었다.

　　　　　　　　　　　　　　　　　　　아들아 방황해서 고마워

아이가 점점 자라 어린이집에 가기 시작하면 엄마들은 크게 한숨을 돌린다. 간혹 어린이집에서도 여러 가지 문제가 붉어지기도 하지만, 어린이집은 핵가족 시대에 육아를 함께 담당해주는 구세주와 같은 곳이다. 엄마들은 그곳에서 다른 엄마들을 만나기도 하고, 좋은 육아 정보를 얻기도 한다. 아이의 처음 사회생활과 엄마의 또 다른 사회생활이 여기서부터 시작된다. 아이들도 처음으로 친구를 만나고, 엄마들도 새롭게 또래 엄마들을 만난다. 외로운 육아 생활을 하던 엄마들은 이제 아이의 친구의 엄마들과 친구관계를 맺는다. 이 때부터 초등학교 까지는 엄마들의 친분이 곧 아이들의 놀이그룹을 형성하게 된다. 엄마들은 소위 옆집 엄마라고 하는 주변 엄마들의 정보에 도움을 받아 학원도 보내고, 다른 여러 가지 활동들도 시키게 된다. 우리나라는 아이의 학습적인 성취가 곧 엄마들의 자랑이 되고, 학습적으로 앞서가는 아이들의 엄마들이 주도적으로 모임을 이끌어 간다. 초등학교시기에 이런 현상들이 두드러지다가, 중고등학교 시기가 되면 공부에 소질에 없거나 다른 분야에 관심이 있는 자녀의 특징을 파악하고 받아들이는 엄마들은 공부가 아닌 다른 선택을 하게 되고, 보통의 엄마들은 70~80%가 진학하는 대학교 진학을 포기할 수가 없어서 어쩔 수 없이 아이들을 학원에 보내게 된다. 아이가 어릴 때는 대부분의 엄마들이 자신의 아이들이 공부를 잘 할 수 있다는 기대감을 가지다가, 중학교 2학년 첫 시험을 친 후 현실을 깨닫는 과정을 거친다.

엄마들의 육아 부담 중 큰 부분이 아이의 학습과 연관이 있다 보니, 정작 아이들과 좋은 관계를 형성하고, 정서적 안정을 주는 데는 관심을 덜 두게 된다. 나는 아이들의 학습적인 영역에 있어서는 꾸준한 습관만 만들어 주고, 나머지 시간에는 아이들과 함께 놀아주어야 한다는 주의였다. 그래서 주말이면 함께 운동을 하고, 등산을 가고, 캠핑을 가는 등 신체적인 활동에 집중했다. 사실 수능과 대학입학이 아이들의 목표가 되어버린 우리의 환경에서 항상 내가 가는 길이 맞는 것인지 의문을 가지면서 지내온 것은 사실이다. 아이들은 결코 우리가 바라고 계획하는 대로 자라지 않는다는 것을 오랜 기간 아이들을 가르치고 부모들을 마주하며 경험해 왔기 때문이었다. 그래도 아이들의 인생 한 시점에서 우리가 함께했던 시간들에 대한 추억과 그 경험들은 아이들에게 도움이 되는 쪽으로 작용하리라 확신한다. 나도 나의 어린 시절 추억의 힘이 삶의 원동력이 되어가는 경험을 해 왔기 때문이다.

아이가 성장함에 따라 엄마의 마음도 어떤 방식으로든 함께 자

아들아 방황해서 고마워

라는 것 같다. 우리나라 사람들에겐 별 다른 큰 이유가 없으면 아이들을 대학에 진학시켜야 취업을 잘 할 수 있다는 생각이 오랫동안 자리 잡아 왔다. 아이들의 재능이나 진로에 대한 깊은 고민 없이 성적에 맞추어 대학교 진학을 하는 전통 아닌 전통이 수십 년 전해 내려오고 있다. 나도 내 주변의 친구들도 형제들도 모두 그렇게 진학을 했었다. 그래서 나도 그러한 고정 관념을 수십 년 동안 끌어안고 살아왔다. 사춘기를 맞이한 자녀와 부모들은 종종 여러 가지 종류의 갈등을 겪는다. 그 이유의 상당수 부분이 공부와 성적 때문이리라 짐작해 본다. 중학교에 다니는 자녀를 둔 어떤 가정이 비교적 평화롭다면, 그것은 아마도 자녀가 자발적으로 공부를 하는 아이 이거나, 공부에 타고난 재능이 있는 아이 이거나, 부모가 공부가 아니어도 아이의 미래와 진로가 다양하게 펼쳐질 수 있다고 믿어 아이의 학교 성적에 관대한 경우가 아닐까 한다. 나는 자녀들과 많은 갈등을 겪고 변화되어 후자에 속하는 부모가 되었다. 사춘기 자녀와의 갈등은 부모도 성장하게 해 준다. 그렇게 우리는 아이들과 함께 자라고 있다.

처음에 아이들이 학교 공부를 내려놓겠다고 선언 했을 때, 그냥 편안하게 받아들여지지는 않았다. 그 이후에 학교를 갈수록 아이들은 더욱 공부에 대한 의욕을 잃어갔다. 아이들의 성적이 바닥으로 점점 떨어졌을 때, 처음엔 충격적이었고, 절망적이었다. 그런데, 아이들이 강력히 거부하기 시작하면서, 억지로 아이들에게 공부를 시킬 수 있는 상황이 아니라는 것을 깨닫기 시작했다. 아이들은 공부를 '못' 하는 것이 아니라, '안' 하는 것이었기 때문이었다. 학교에서 하는 방식의 공부를 안 하고 싶었던 것이었다. 아이들의 거부가 너무나 강력했기에 오히려 나는 좀 더 빨리 마음을 내려놓을 수 있었다. 그리고 여러 청년들을 만나서 얘기를 들으면서, 아이들의 마음이 스스로 움직일 때까지 기다려 주어야겠다는 결심이 섰다. 그리고 이제 더 이상 아이들의 성적 같은 것은 내 마음을 불안하게 만드는 요소가 되지 못했다. 나는 엄마로서 그냥 아이들의 존재 자체를 존중하고 사랑해 주면서, 소중한 인생의 가치를 서서히 알려주는 역할을 한 걸음 물러서서 하려고 노력 중이다.

아이들이 자라면서 엄마들도 함께 자란다. 아이들이 유치원생이면 엄마도 유치원생이고, 아이가 고등학생이면 엄마도 고등학생이라고들 한다. 사춘기로 접어든 아이들은 어떤 방식으로든 강하게 자신을 표현하기 시작한다. 아이들이 무엇을 말하고 싶어 하는지, 어떤 이유가 있는지, 귀 기울여 잘 들어줄 수 있는 성숙한 부모

아들아 방황해서 고마워

만 되어준다면, 아이들은 시간이 많이 필요할 수도 있지만, 반드시 성숙해지는 과정을 잘 견디고 이겨내리라 생각된다. 아이들의 소중한 외침이 있었기에 이 부족한 엄마도 하루하루 자라나고 있다.

아이에게서 한 걸음 물러서다

• 아이의 반쪽자리 진심도 함께하기 •

아들과 함께 '레터링 타투'를 하기로 하였다. '두려워하지 말자. 달리 생각하자. 내가 옳다고 믿는 것을 위해 행동하자.' 많은 생각 이 드는 날이었다. 아들이 레터링 타투를 하고 싶다고 했다. 중학 교 2학년 때부터 친구랑 같이 하고 싶다는 걸 말려왔었다. 예전 같 았으면 철없이 형들이나 친구들이 하니까 그러는 거라고 판단해 버리고 무조건 반대를 했겠지만, 도대체 그것을 하고 싶은 아들의 마음은 어디에서 온 것일까 궁금했다. 아들에게 그 레터링을 몸에 새기는 것이 어떤 의미가 있는지 물어봤다. 아들은 지금은 아무것 도 자신을 드러낼 수 있는 것이 없으니, 그 문구를 몸에 새김으

아들아 방황해서 고마워

써 자신의 마음에 깊이 새겨볼 수도 있고 자신을 표현하는 방법이기도 하다고 말했다. 어떤 문구를 새기고 싶은 지 물어보았다.

'Changement et defi'
프랑스어로 '변화와 도전'

글씨 자체도 멋지고, 자신도 지금 변화하고, 도전하고 싶은 마음이 간절하다는 것을 표현하고 싶어 선택한 문구라고 했다. 여기 저기 주변인들에게 물어보고, 인터넷 검색으로 레터링 타투에 대해서 알아보기 시작했다. 요즘은 어른들도 레터링 타투 정도는 액세사리처럼 한다고들 했다. 그리고 '레터링 타투'를 하는 것이 혹시 교칙을 위반하는 것인지 알아보았다. 담임선생님 말씀으로는 교칙에는 타투에 관한 것이 없지만, 친구들에게는 눈에 띄지 않는 것이 좋겠다고 하셨다. 타투에 관한 뉴스도 검색해보니, 대한민국은 타투(문신) 시술이 사실상 불법으로 규정된 세계 유일의 국가라고 할 수 있다. 일본에선 지난해 9월 "타투는 의료행위가 아니다."라는 최고재판소 판결이 나왔다. 현재 국내에 타투이스트(tattooist)들은 관련법 자체가 없어서, 어쩔 수 없이 음지에서 활동을 하고 있지만, 국내에는 워낙 많은 타투이스트가 있고, 미국에서처럼 국내 타투도 합법화하기 위해 국회에 타투이스트의 자격과 활동에 관한 법안이 상정되어 있는 상태라는 것까지 알게 되었다. 우선 아들의 변화하고 싶은 마음을 인정해주고 싶었다. 물론 반쯤은 허영심이 섞여 있는 것도 알았다. 하지만 그 반쪽자리 진심이라도 엄마인 내가 인정해주고, 믿어주고 싶었다. 아들에게 제안을 했다. '레터링 타투'를 하게해줄 테니 엄마랑 같이 가자고. 그리고 엄마도 너를 무조건 사랑하고 믿어준다는 의미에서 함께 하겠다고 했다. 그리고 어느 햇살 따가운 일요일 낮에 우리 가족은 다 함께 타투이스트를 찾아갔다. 나는 어떤 상황에서도 아들을 사랑하고 믿어 주겠노라는 의미에서 'Love & faith'라고 왼팔에 새겼다.

아들아 방황해서 고마워

예전에는 하면 큰일 날 것만 같아 생각조차 하지 못했던 행동이 었다. 아직도 우리나라 문화에서는 '타투'에 대한 부정적인 인식이 더 많은 것 같다. 하지만 '타투'에 부여하는 자신의 의미가 긍정적 이고 좋은 것이라면, '타투'를 팔에다 새기는 행위는 비난받을 만 한 일은 아니라는 생각을 해 본다. 나도 모르게 생긴 이 변화할 수 있는 용기에 스스로를 칭찬해 본다. 사실 양가의 부모님들은 나의 타투를 보시고 한 번씩은 놀라며 물어보셨다. 그러나 이젠 타인이 어떻게 보일까 걱정하는 마음보다, 내가 그것에 부여하는 가치의 중요함을 생각하기에 자신 있게 부모님들께도 설명 드렸다. 아이 를 사랑하고 믿는 마음을 내 마음에도 깊게 새기고, 아이도 엄마의 그런 마음을 조금이나마 생각할 수 있기를 소망하면서 한 것이라 고 말했다. 아이가 단번에 변화할 것이라고 생각하지는 않는다. 내 가 생각하는 것보다 더 오랜 시간 걸려서 변화할지도 모른다. 하지 만 오랜 시간이 지난 어느 날, 나의 아들이 '우리 엄마가 나와 함께 타투를 하러 간 날, 이런 마음이 들었겠구나.' 한다면 아들은 평생 자신을 지지해주는 엄마의 마음이 있었음을 알게 되고, 앞으로 살 아갈 날들에 조금이나마 힘을 얻을지도 모르겠다.

사랑하고 신뢰하는 아들과 '레터링 타투'를 하고 며칠 후에, 밤

늦은 시간에 딸아이가 내게 데이트 신청을 해왔다. 그 당시 딸은 예고 입시에 실패를 하고, 우리 동네에서는 좀 빡세게 공부하는 인문계 고등학교에 진학하고 정신적, 육체적인 타격을 입은 터라 완전히 정신 줄을 내려놓고 지내고 있었다. 매일 친구랑 있다가 11시나 되어야 귀가를 하곤 했다. 그런 딸이 갑자기 데이트 신청을 해서 오랜만의 딸과의 데이트라 기쁜 마음이 들었지만, '지금 딸아이가 뭔가 할 얘기가 있구나!'라는 직감을 했다. 딸은 조심스럽게 음악을 하는 자신에게 수능대비를 하고 있는 학교가 맞지 않는 것 같다고 얘기를 했다. 사실, 학기 초부터 많이 불안했다. 입학하고 3월 한 달은 딸아이도 나름대로 적응해보려 최선을 다했던 것 같다. 그런데 시간이 가면 갈수록 아이가 힘들어 보였다. 학교에 다녀온 딸은 몸과 마음이 녹초가 되어 침대에서 나오지 않았고, 늘 힘들어 보이는 아이를 어떻게 해주어야 할지 고민을 하고 있었다. 아들이 방황하는 동안 공교육이 아닌 다른 대안들에 대해서도 폭넓게 고려를 해보던 터라, 딸아이가 학교를 그만두고 싶다고 얘기를 했을 때, 생각만큼 놀라지는 않았다. 이미 학교가 아닌 다른 길에 대해서도 긍정적으로 생각을 해보고 있던 터라 딸아이에게 얘기했다.

"안 그래도, 우리 딸이 많이 힘들었을 것 같아서, 엄마도 조금 생

아들아 방황해서 고마워

각을 해봤는데, 나라고 해도 하루 종일 나와 별로 상관없는 공부하
느라 학교에 있었다면 많이 괴로웠을 것 같아. 7월 안에 자퇴를 하
면 내년 4월, 8월에 검정고시 볼 수 있다고 하니까, 이번 학기 끝나
면서 자퇴 신청서 내고, 다음 달부터 함께 검정고시학원이랑 음악
학원을 알아보자."

　말이 끝나자마자 둘이 마주 앉아서 한 동안 울었다. 딸은 그 동
안의 마음고생을 털어 놓아 안도감을 느꼈던 것 같다. 그 동안 힘
들어서 말도 못하고, 혼자 가슴앓이 했을 딸의 마음이 측은했었고,
오히려 잘 된 일이라 생각했다. 힘들었던 마음의 무게를 내려놓고
나서, 딸아이가 한 걸음씩 앞으로 나아갈 수 있음에 감사하는 마음
까지 들었다. 이렇게 마음의 상처와 갈등 없이 서로의 마음을 받아
들일 수 있어서 다행이라고 생각했다. 그리고 며칠 뒤, 뜨거운 여
름 햇살을 받으며 차분한 마음으로 딸아이의 학교로 향했다. 검정
고시 준비로 인한 자퇴는 생각보다 '자퇴 숙려 기간'도 없이 빠르
게 처리가 되었다. 미리 입금했던 2학기 등록금도 되돌려 받았고,
선생님과 인사를 나누고 돌아서서 나오는 길은 갈 때 보다는 한층
마음이 가벼웠다. 그리고 왠지 모르게 늘 그 자리에 있었던 공기
일 텐데, 그날따라 그 내음이 다르게 느껴졌었다. 딸의 학교생활은

그날로 끝이었지만, 딸에게는 이제 또 다른 시작이 기다리고 있어
서 그랬나 보다.

아들아 방황해서 고마워

03

엄마 자신을 먼저 찾아 나서기

• 오늘부터 자신에게 집중하기 •

"엉 엉 엉~"

어린 아이가 우는 소리가 아니다. 나의 울음소리다. 3년 전까지만 해도 난 지친 업무를 마치고 퇴근길에 차를 몰고 오다 잠시 차를 세우고, 차 안에서 혼자 목 놓아 울었다. 지금 생각하면 부끄럽기도 하고 조금 웃기기도 하지만, 그때 참 잘 했던 것 같다. 나 스스로에게 만이라도 솔직한 시간이 필요 했었으니까.

아침에 무거운 몸과 마음으로 일어나서 아이들 등교시키고, 아

들이 또 학교에서 뛰쳐나오지 않을까 전전긍긍하며 하루를 시작
했다. 그 당시에도 내 감정에 휩쓸리지 않으려고, 아침마다 아이들
등교 후에는 걷기 위해 집을 나섰다. 원래 난 걷기를 참 좋아한다.
뭔가 풀리지 않는 일이 있거나 마음이 복잡할 때 걸으면서 마음을
정리하는 습관이 있었다. 몸과 마음은 역시 연결이 되어 있음을 느
끼며 살아왔다. 아들이 방황하면서 난 무조건 하루에 한 시간은 걸
었다. 늦게 출퇴근하는 나의 일의 특성상 오전 시간이 내가 활용할
수 있는 시간이다. 남편도 몇 년 전 하던 사업을 접고 재택근무를
하는 터라, 어느 순간 자연스럽게 함께 오전 산책을 즐기는 부부가
되었다. 그렇다고 시간적인 여유가 아주 많아 산책을 하는 것은 아
니었다. 그 전 몇 년간 고혈압과 목 디스크로 심각한 건강 이상을
경험하고 아팠던 터라, 운동은 이미 나에게는 생존을 위한 것이 되
어 있었다.

복잡한 마음을 정리하며 오전 걷기 운동을 마치면, 출근을 서
두르며 쌓여있는 집안일을 부리나케 하고, 그렇게 시작한 나의 하
루 일과는 보통 10시에 끝났다. 그렇게 하루 일과를 마치고 퇴근하
는 길은 매일 지치고 서글프기 그지없었다. 내가 가르치는 친구들
과 학부모들에게는 끊임없는 긍정마인드를 심어주고자 노력하는

밝은 선생님이었지만, 정작 난 '내가 죽으면 이 고통이 멈출까?'라는 어처구니없는 생각을 해 볼 정도로 여러 면에서 내 삶은 한 동안 절벽에 매달린 느낌이었다. 아무리 힘들어도 현명한 아내이자 강인한 엄마이기를 강요당하며, 어려움을 버텨내야 한다는 책임과 부담감이 나를 하루하루 짓눌렀다. 퇴근길에 난 아무도 없는 차 안에서 엉엉 울며 혼자서 내 고통을 덜어내고는 집에서 가족들에게까지 그 감정을 전달하지 않으려고 애를 썼다. 그러나 어느 순간 억울함이 가슴 밑바닥 깊은 곳에서 차올라 왔다.

'나는 이렇게 열심히 살았는데. 도대체 왜!?'

'다른 아줌마들처럼 식사나 티타임 한 번 마음 놓고 해 본적 없이 열심히 살아왔는데!'

'바깥일을 하지 않는 여자들도 철 되면 옷가게에서 새 옷을 사지만, 난 한 번도 마음 놓고 비싼 옷도 사본 적 없는데!'

'아이들한테 내가 열심히 사는 모습을 보여주면, 아이들도 성실하게는 살 것이라는 믿음으로 열심히 살았는데!'

'왜? 왜? 왜?'

그동안 참고 있던 억울함이 한 번에 터져 나오는 그 순간이 아마도 나 자신을 돌아보기 시작한 시점이었던 것 같다. 그 이전까지만 해도 난 옆도, 뒤도, 돌아보지 않고, 오로지 가족을 먹여 살려야 한다는 생각만으로 앞만 보고 달렸었다. 내가 좀 힘들어도 가족을 위해서 참고 이겨내면, 시간이 모두 해결해 주리라 생각했었다. 그런데 내가 기대했던 그 해결책들을 돌이켜 생각해보면 그건 내가 아닌 모두 가족을 위한 것이었다. 남편 사업이 잘 될 것이라는 것, 아이들이 스스로 제 역할을 하면서 무탈하게 잘 성장할 것이라는 것 등 모두 내가 아닌 가족들이 잘 되길 원하는 기대였었다. 열심히 살아서 내게 생길 좋은 일들과 내 삶을 나아지게 해 줄 해결책들이 모두 가족들 하나하나가 잘 되어가는 것이었다. 이건 나의 삶인데, 나의 미래에는 나의 계획이 아주 작은 부분만을 차지하고 있었던 것이었다. 여전히 내 삶은 여전히 기나긴 터널을 지나고 있는 중이었지만, 더 이상 내 삶이 나 아닌 다른 사람들(비록 가족일지라도)과 환경에 의해 우울하고 슬퍼지도록 내버려 두고 싶지 않았다.

내 삶을 가족과 환경에 맡기지 않겠다는 결심과 동시에 가족들의 행복에 대해서도 생각을 해보았다. 가족이기에, 엄마이기에 당연히 난 우리 아이들과 남편을 사랑한다. 하지만 그 사랑이란 이름으로 서로에게 기대를 하고, 기대에 못 미치면 서로 상처를 주기도

아들아 방황해서 고마워

했다. 역할이나 책임을 강요를 하기도 하고, 상대가 진정으로 원하는지, 하고 싶어도 타고난 성향이나 성격 탓에 힘들어서 못하는 것인지, 그 이유를 알려고 노력도 하지 않은 채, 전통적인 관습에 의한 역할을 강요하고 있진 않았는지, 나를 되돌아보기도 했다.

우린 가족이지만, 한 사람 한 사람이 개별적인 인격체이다. 그리고 아이들은 이제 독립된 인격체로 서기위한 준비를 하고 있는 것이었다. 남편도 나와 부부이기 이전에 별개의 독립체이다. 서로 조화를 이루어 가정을 이루고 살아야 하지만, 그 누구의 역할이나 삶도 가족이라 해서 강요할 수는 없는 것이다. 오랜 시간이 필요하지만 서로를 존중하면서 의논하고 함께 노력해 나가는 과정이 필요한 것이다. 아이들과 남편에게도 역할과 책임을 강요하지 않기로 했다. 서로 의논하는 과정과 스스로 마음을 움직이는 과정을 기다려 주기로 했다. 그리고 나 역시 내가 하고 싶은 것을 더욱 적극적으로 찾아 나서기로 했다. 내가 정말 하고 싶은 것이 무엇인지 나스스로에게 묻기 시작했다.

아들이 방황하고 있어도, 힘든 상태에 있어도, 엄마가 해 줄 수 있는 것은 결국, 감정에 휩쓸리기 보다는 한 걸음 물러서서 사랑으로 기다려 주는 일 밖에 없었다. 아들의 마음이 스스로 움직일 때까지 믿고 기다려 주고, 아들이 보내고 있는 혼란의 시간들도 미래에 긍정적으로 작용할 수 있다는 믿음을 직접 표현해 주기 시작했다. 나 자신의 우울감과 슬픔을 조금씩 걷어내면서, 아들이 지금 방황하고 있음에도 불구하고 아들에게 긍정적인 얘기들을 해 줄 여유가 생기기 시작했다. 비난보다는 위로와 긍정적인 미래에 대한 확신을 주기 시작하면서, 아이는 엄마, 아빠와 조금씩 더 소통의 문을 열기 시작했다. 물론, 학교 공부를 정상적으로 하고 있진 않지만, 아직 미래의 꿈을 향해 나아가고 있진 않지만, 그렇게 아무것도 안하고 있는 시간을 보내는 것조차도, 아이가 스스로 마음을 움직일 수 있도록 도움을 주는 시간들이라 믿는다. 인간의 본성은 행복하게 잘 살고 싶은 것이다. 스스로 자신의 모습과 위치를 보는 순간 아이는 움직이게 될 것이라 믿는다. 아이가 자기 길을 찾아가는 것을 기다려 줄 용기가 생겼으니, 이제는 '나 자신을 한번 찾아볼까?' 나는 나 스스로에게 끊이지 않는 질문들을 하기 시작했다.

'나는 무엇을 하고 싶은가?'
'내가 정말 좋아하는 것은 무엇인가?'

아들아 방황해서 고마워

'나는 어떤 상황에 스스로 행복함을 느끼는가?'

'나는 내일 당장 죽어도 내 삶에 후회가 없는가?'

가장 먼저 후회 없는 삶을 살기 위해 내가 내 자신에게 무엇을 해야 할지 골똘히 생각하기 시작했다. 사람들은 다른 이들에게 도움을 주는 이타적인 삶을 살 때와 자신이 조금씩 더 나은 사람으로 성장이 되어갈 때 가장 큰 기쁨을 느낀다고 한다. 그럴 때 우리는 자신의 삶의 의미를 찾을 수 있는 것이다.

나는 매일 조금씩 더 나은 사람이 되기로 결심했다. 그럼 하루하루 나는 어제보다 나은 사람이 되기에 '내 생애 최고의 나'로 살수 있는 것이다. 나는 내가 가르치는 학생들에게도 늘 얘기한다. 다른 친구들과 자신을 비교하려 하지 말고, 그 시간에 내 자신이 얼마나 발전하고 있는지를 보라고 한다. 그럴 때마다 아이들은 도전에 대한 두려움을 이겨내는 것을 볼 수 있었다. '자신에게 집중하는 삶'은 우리가 상상하는 그 이상으로 더 행복한 삶이 된다. 다른 이보다 못할 거라고 생각하는 경쟁과 패배에 대한 두려움도, 빨리 서둘러서 가야 한다는 조급함도, 남이 어떻게 평가할까에 대한 염려도 훨씬 줄어든다. 나는 20년 이상 아이들을 가르쳐오면서 서틀지만 조금씩 발전해왔다. 그래서 그러한 즐거움을 잘 알고 있다. 그래서 이제 그것을 내 삶에도 적용시켜보려 한다.

매일 조금씩 더 나은 사람이 되기로 하면서 가장 먼저 시작한 것이 달리기와 주변 사람들에게 더 따뜻한 말을 건네는 사람이 되는 것이었다. 우선 달리기로 나의 건강이 조금씩 더 나아지고, 내가 할 수 있는 한계를 조금씩 넘어서는 재미를 느끼기 시작했다. 그리고 나에게 도움이 필요로 하는 이들이 찾아오면, 이전보다 더 따뜻한 마음으로 말을 건네기 시작하니, 그들의 웃는 모습과 서로 감사하는 마음이 나에게 더 큰 행복으로 돌아왔다. 시간이 흐를수록 나의 외적인 환경이 별로 달라지지 않아도, 내 자신이 가치 있는 사람이라 여겨져, 난 매일매일 마음이 새롭고 설레었다. 또 오늘은 어떤 기쁜 일이 나를 기다리고 있을지 하루하루에 대한 기대감이 커지기도 했다.

그리고 짧지 않은 우리의 인생에서 내가 타인과 세상에 조금이나마 이로운 삶을 산다는 것은 또 얼마나 의미가 있고 마음 따뜻한 삶일까? 사람은 '마음'이 있는 따뜻한 존재이므로 서로 따뜻한 눈빛과 손길을 나눌 때 한없이 행복하다. 나는 그렇게 행복한 삶을

아들아 방황해서 고마워

살고 싶다. 어떤 이들은 '뭐 군이 그렇게 억지로 행복해야 될 이유가 있나? 그냥 내가 편하면 되지.'라고 말한다. 하지만 내가 생각하고 느끼는 삶은 다른 이들과 마음을 나눌 때 행복하기에 그런 길을 찾기로 했다.

아들의 방황이 절정으로 치달은 후, 중학교 2학년 겨울방학은 우리에게는 잠깐의 휴지기랄까? 학교를 가지 않으면 아들은 비교적 평온하게 잘 지냈다. 그러던 어느 날 아들이 집에 들어오는 길이라며 전화가 왔다. 한 살 어린 동생들이 자기랑 비슷한 과정을 겪고 있다며, 며칠째 집에 못 들어가서 밖에서 지내고 있는데, 하루만 우리 집에서 재우자는 것이었다. 집에 들어가지 않는 아이들의 엄마들이 얼마나 애가 탈지를 누구보다도 잘 아는 나였기에 우선은 아이들에게 부모님의 연락처를 받고 재운 후, 다음 날 일어나자마자 부모님들께 문자를 보냈다. 한 부모님은 연락이 끝내 없었다. 다른 한 아이의 엄마는 데리러 오겠다고 하셨다. 아이의 갑작스런 방황에 고민하다가 환경을 바꾸어 주기 위해서 이사를 가기로 했는데, 이사하기로 한 날이 바로 다음 날이라고 했다. 아이의 엄마는 감사를 표현했고, 그 후로 우린 몇 차례 연락을 더 나누기도 했다.

아들이 방황을 하다 보니, 방황을 하는 친구들이 많이 보이기 시작했다. 그 아이들이 모두 특별하거나 나쁜 아이들이 아니었다. 아이들이 현재의 상황에서 혼란이 오고, 방황을 하고 있지만, 모두가 다른 이들의 관심과 따뜻한 말 한 마디에 변화할 수도 있는 그런 아이들이었다. 아들이 방황하면서 아들에게 절망의 말을 주는 어른들을 많이 보아왔다. '으이그 꼴통. 너만 잘하면 우리 학교엔 아무도 문제없어. 네가 그렇지 뭐.' 심지어 아들이 보는 앞에서 친구들 부모님과 통화를 하면서 '이 아이랑 놀지 못하게 하세요.' 라고 말하는 교감 선생님까지 계셨다. 어른들이 생각하는 만큼 나쁜 아이들은 없다. 모두 어른들이 만들어 놓은 환경에서 혼란을 겪고 방황을 하는 것일 뿐이다.

우리 아들은 친구들, 형들, 동생들을 종종 집에 데리고 왔고, 아이들에게 최대한 따뜻함을 보여주려 애를 써왔다. 그리고 잔뜩 주눅이 들어있는 방황하는 아이들의 엄마들을 마주하게 되었다. 다들 열심히 살아가고 있는 분들인데, 그들에게서 아이들의 방황으로 한없이 떨어진 자존감을 발견했다. 나 역시 한 때 그랬다. 모든 것이 엄마인 내가 일을 해서 그렇다고 생각이 들었고, 모두가 내 잘못인 것만 같았다. 하지만, 우리의 아이들이 자연스런 대화와 의

사소통을 할 사람이 줄어들고 입을 다물게 된 이 상황과, 가족들 사이의 따뜻한 대화가 줄어들고, 서로 마음의 문제를 안고 살아가는 이들이 많아진 오늘 날의 상황들을, 그냥 한 개인과 한 가정의 문제로 단정 지을 수는 없다. 그 배경이 되는 서로에 대한 가치 평가와 판단이 난무하는 경쟁사회에 대해서 다시 한번 되돌아볼 필요성을 느낀다. 이렇게 우리 아들을 통해서 마주하게 된 상황들과 사람들은 내가 어떻게 사람들에게 따뜻한 눈빛과 마음을 나누어야 할지 방향을 알려주고 있었다.

내가 다른 이들과 따뜻한 마음을 나누기로 결심을 한 그 시기쯤에 심리상담 과정 수업을 듣게 되었고, 미술심리 수업도 듣기 시작하였다. 우선 내가 가르치는 친구들에게도 늘 안정감 있게 긍정적인 '마인드셋(mindset사고방식)'을 만들어 갈 수 있도록 힘을 줄 수 있어 좋았고, 앞으로 많은 아이들과 그 부모들과 따뜻한 마음을 나누게 되리라는 기대감이 내 삶을 또한 가득 채워가고 있었다. 이렇게 시작한 심리수업으로 나를 찾아가는 과정을 가졌고, 나 자신을 발견하고 위로해주고, 인정해주고, 나에 대한 부정적인 감정들을 하나씩 덜어내면서, 주변의 많은 사람들에게 더욱 여유롭게 따뜻함을 유지하고 보여줄 수 있게 되었다. 아직도 나 자신을 찾아가는 길은 많이 남아있지만, 이젠 더 이상, 나 자신의 무의식과 나의 감정을 마주하는 것이 예전처럼 두렵지만은 않았다. 그만큼 나 자신을 더욱 사랑하게 된 것 같다.

심리 수업을 들으면서 심리학과 심리 상담에 대해서는 의문점이 많이 생겼다. 자연스러운 인간관계와 소통이 점점 사라지고, 인위적인 상담이 그 자리를 대신하고 있다는 생각이 들기도 했다. 많은 것이 상품화되는 이 사회에 인간의 마음까지 상품화가 되어야 하는지도 의문이 들고 온통 의문투성이다. 마음의 문제는 일상 속에서 서로의 의지와 노력으로 해결할 수 있는데, 너무나 바삐 돌아가는 세상을 탓하며, 지친 몸과 마음을 좀 더 손 쉬운 상담과 치료법으로 떠넘기고 있는 건 아닐까 하는 생각도 든다. 일본에서 40년 이상을 심리학계에 몸담아 온 심리전문가 '오자와 마키코'씨는 상담이란 자기 결정을 가장한 지배의 한 형태라고 얘기한다. 상담자는 상담을 받으러 온 내담자의 말을 잘 들어주고, 자신의 의견을 직설적으로 말하지 않기에 부드러워 보이지만, 그것은 부드러운 권력관계의 구도 자체가 내담자에게서 '상담사가 원하는 자기결정'을 이끌어내는 것이나 마찬가지라고 한다. 몇 번의 상담 경험이 있는 나와 우리 아이들은 참 많은 공감이 가는 부분이었다. 상담이 아닌 일상에서 좀 더 많은 이들에게 따뜻함을 전해줄 수 있는 사람이 된다면, 훨씬 더 나와 비슷한 경험을 한 사람들과 아이들에게 도움이 되는 내가 될 수 있으리라 기대하며, 매일 책을 읽고 상담 수업도 열심히 듣고 있다. 좀 더 나은 방법이 있다면 많은 사람과 함께 하고 싶다.

얼마 전에, 아들과 등산을 갔다. 그리고 아들의 친구 둘도 우리와 함께 했다. 코로나로 활동을 못해 몸이 근질근질한지 어른 놀이에 빠져 있던 아이들이 등산을 따라 나섰다. 중학교 시절을 많이 방황하던 아이들이지만, 그리고 그 방황이 아직 완전히 끝나지 않았지만, 우리 부부는 아들과 친구들에게 성장의 과정 중에 있고, 자신들이 존재 자체만으로도 소중한 존재이며, 많은 가능성을 가지고 있다는 사실을 적극적으로 알려주려 노력했다. 그것이 아이들에게는 희망의 메시지가 되리라 믿는다. 평가하고 판단하는 어른의 모습이 아니라, 너희가 방황하고 있는 이 순간마저도 너희는 무한한 가능성이 있고, 변화하여 꽃 피울 수 있는 아이들이라 믿어주는, 따뜻한 눈길과 말 한마디를 줄 수 있는 어른이고자 한다. 우리가 마음의 치유를 위해 비용을 지불하지 않아도, 부드러운 권위자인 상담사를 찾지 않아도, 삶에서 마주하는 이들에게 한 마디의 따뜻한 말과 서로 사는 얘기를 주고받을 수 있는 마음의 여유만 있다면, 우리 삶은 지금보다 훨씬 더 따뜻하고 행복하지 않을까 생각해본다.

아들아 방황해서 고마워

04

우리 모두 사춘기에 대해서
공부합시다.

• 무지막지한 엄마에서 벗어나기 •

아이들을 키우면서 나는 아주 큰 착각을 하면서 지냈다. '우리 때는 사춘기를 모르고 지냈으니, 우리 아이들도 심하게 사춘기를 겪지 않을 거야.' 우리 세대와 아이들 세대 사이에는 엄청나게 큰 환경적 변화가 있다고 피상적으로만 생각했지, 아이들이 어떻게 얼마나 우리와 다른 세상에 살고 있는지에 대해 깊게 생각해 보지 못했었다. 그래서 난 아이들의 사춘기를 맞이하면서 마치 폭탄을 맞은 느낌이었다. 그것도 아주 커다란 폭탄을.

사춘기에 접어든 딸은 점점 화장품을 사 모으기 시작했고, 방학 때마다 염색을 하고, 교복을 완전히 갖춰 입지 않기도 하는 등 학교에서 규정하고 있는 규칙들을 하나 둘씩 거부하기 시작했다. 이제 18세가 된 우리 딸에게는 화장도, 염색도, 교복을 단정하게 입지 않는 것도 문제가 되지 않는다. 우리 딸은 학교를 다니지 않고 있지만, 학교를 다니는 친구들을 봐도 화장이나 염색 정도는 문제화하지 않는 학교들이 늘어나고 있고, 교복도 이제는 학생들에게 편한 생활 복으로 전환을 하는 학교들도 많이 생기고 있다. 그런데, 우리 아이들과의 중학교 시절 갈등의 많은 부분이 그것들로 인해 비롯되었다.

'내가 조금만 더 세상의 흐름을 제대로 보았더라면, 학교에서는 규제를 하더라도, 엄마로서 아이들에게 푸근함을 줄 수 있었을 텐데.' 하는 아쉬움이 남아있다. 우리 세대는 한 교실에 60명을 앉혀 놓고, 주입식으로 수업을 해도 수업이 진행이 되던 세대였다. 시키면 시키는 대로 하던 세대였기에, 아이들에게도 어른들이 말하면, 학교에서 시키면, 그것을 무작정 따라야 한다고 가르치고 요구했다. 나는 우리 아이들의 사춘기를 겪으면서, 아이들이 얼마나 우리와 다른 세대인지 눈뜨게 되었고, 아이들을 더 알고 싶어서 여러 가지 방법을 통해 공부를 하기 시작했다. 그리고 아직까지도 아이

아들아 방황해서 고마워

들에 대한 모든 것을 알지는 못하지만, 적어도 우리 세대와 그 이전 세대에서 지켜오던 기준을 아무런 의문 없이 따르라고 하는 무지막지한 엄마에서는 벗어났다.

물론 역사적으로 언제나 기성세대의 역할이 있어왔다. 변화하는 세대와 시대의 혁신으로 인한 부작용과 불균형을 잡아주는 것이 바로 기성세대의 역할이어 왔다고 생각한다. 그렇지만, 우리 기성세대도 새로운 세대에 대해서 공부해야 하고, 그들로부터 배워야 한다. 내가 대학을 졸업한 1990년대 중 후반 까지는 좋은 대학을 나오면, 대학교 내내 공부를 열심히 안 해도 취업이 가능한 시절이었다. 그리고 고등학교를 졸업하고 취업하는 친구들도 꽤 있었고, 대학 진학율이 40%를 약간 넘던 시절이라 대졸 취업이 비교적 쉬웠다. 2011년~2019년 사이의 대학 진학률은 평균적으로 75~80% 정도. 전국에 408개의 대학이 있지만, 서울 경기 권 대학이나 국립대학을 나오지 않으면, 어렵게 대학을 진학하여 졸업한다 하여도 원하는 직장을 얻는 것은 정말 '하늘에 별 따기', '낙타가 바늘귀로 들어가기'만큼 불가능한 일이다. 요즘 청년들은 예전에 비해 더 열심히 살 수밖에 없는 환경에 처해져 있다. 그리고 실제로 내가 만난 청년들은 그런 과정을 밟은 사람이건 아니건, 정말 예전의 우리보다 더 열심히 살고 있었다. 이런 환경 탓에 조급해진 부모들은 아이들을 초등학교 고학년만 되면 다그치기 시작한다. 그리고 부모들만 아이들을 채찍질하는 것이 아니다. 아이들은 집에서도, 학교에서도, 학원에서도 열심히 공부할 것을 요구당하고 있다. 한 청년의 말처럼 이런 사방에서의 압력은 아이들에게 '좋은 대학을 못 가면 실패자'라는 공포 분위기를 조성하는 것과 같다. 그런 숨 막히는 사춘기를 겪으면서도 살아남은 아이들은 어쩜 우리보다도 강인한 존재들일지도 모른다. 오랫동안 아이들을 다양한 교육 현장에서 만나왔었다. 아이들이 왜 학교 수업 시간을 잠자는 시간이라고 여기게 되었는지, 학교에서도 학원에서도 그렇게 하루 종일 힘들게 공부를 하는데, 왜 시험 성적은 형편없이 나오는지, 초중고 12년 동안 쉴 새 없이 달려왔는데, 결국 원하는 대학에 진학하는 것은 왜 불가능에 가까운 건지, 우리 모두가 함께 고민해 보아야할 문제라는 생각을 해본다. 이런 현상들은 단순히 아이들이 잘못해서가 아니다. 이건 뭔가 잘못되어도 단단히 잘못된 상황이라고 생각한다.

아이들이 그렇게 열심히 공부하고, 치열한 경쟁 속에서 살아남기 위해서 스트레스를 받고 있는데도 불구하고, 그들에게 보장

된 미래는 없다. 그렇다면 우리 부모들도 달리 생각을 해 볼 필요가 있다. 아이들이 제도권의 학교 교육에서 좋은 성적을 받지 못하고, 큰 성과를 얻지 못하더라도 아이가 한 사회인으로서 성장할 다른 방법에 눈을 돌려볼 필요가 있다. 우리는 모두 처음 부모가 되어 보고, 세상은 우리가 상상했던 것 이상으로 빠르게 변화하고 있다. 우리가 사춘기에 대해서, 우리의 아이들에 대해서 공부하지 않으면, 절대 아이들을 이해할 수 없다. 첫 아이가 세상에 태어날 때 우리가 느꼈던 그 기쁨과 흥분을 생각해 보자. 그 순간부터 우리는 아이들이 그저 행복하게 살아갈 것을 꿈꾸고 소망해왔다. 이 아이들이 세상에서 행복하고 자신과 타인을 배려하며 조화롭게 살아갈 수 있는 한 인격체로 자랄 수 있기를 소망하지 않았던가? 우리가 진정으로 아이들에게 바라는 것은 무엇인가? 부모가 아이들에게 진심으로 유일하게 바라는 것은 아이들이 행복하게 자신이 원하는 삶을 살아가는 것일 것이다.

언젠가 TV 다큐멘터리에서 노숙자들에 대한 얘기가 다루어졌었다. 그런데 놀랍게도 그 노숙자 중에 은퇴 전 국내 유명 대학의 교수였던 분이 있었다. 부인이 죽은 후, 유학까지 시키며 헌신을 다해 키웠던 자녀들이 재산을 다 가져가고 연락이 되지 않는다는 것이었다. 결국 늙은 아버지는 노숙자 쉼터에서 밥을 얻어먹으며, 쪽방 신세를 지고 있었다. 다른 이들에게 솔직하게 밝히지 못할 뿐이지, '베이비부머' 세대들부터 80년대생 부모들까지도 주택 관련 대출과 자녀들의 교육을 위해서 헌신하느라 경제적으로도 정신적으로도 궁핍한 생활을 이어가고 있다. 이 노숙자 교수의 삶으로부터 우리가 자녀들을 양육하는데 무엇을 중요시 여겨야 할지에 관해 자그마한 교훈이라도 얻을 수 있길 바래본다.

아이가 학교 성적이 나쁘다고 해서 돈도 잘 못 벌고, 인생에 실패자가 되는 것일까? 결론부터 말하면 '아니다.'라고 금융전문가인 메리츠 자산운용 대표인 '존 리' 씨는 자신 있게 말하고 있다. 우리는 인생의 큰 그림을 그려야 한다. 아이도 엄마도 정말 행복할 수 있는 방법. 아이도 엄마도 잘 살 수 있는 방법을 찾아 나가야 한다. 성적에 연연하여 아이와의 관계가 악화되고, 소통이 단절되어서는 안 된다. 성적의 수치에 대한 강박에서 벗어나, 아이 스스로 자신의 길을 찾아갈 수 있도록 많은 대화와 의견을 나누는 것이 필요하다. 그리고 부모는 사교육비를 줄여 노후대비를 해야 한다는 존리 씨의 말에 절대적으로 공감한다. 사교육에 종사하고 있는 내가이런 얘기를 하고 있어 의아해할 수 있을 것이다. 사교육 대신 공

아들아 방황해서 고마워

교육이 우리의 아이들의 교육을 잘 수행하여 사교육이 사라지는 것이 나의 바램이다. 그리고 나의 목표는 다양한 방향의 컨텐츠 생산을 통해 수익을 창출하고, 지금하고 있는 영어독서 프로그램을 아이들에게 무상으로 제공하는 것이다. 사교육, 집, 차에 들어가는 부적절한 비용을 최대한 줄이고, 우리의 생활방식을 바꾸어야, 우리가 죽는 날까지 행복하고 건강하게 살다가 갈 수 있으리라 생각한다. 또한 사교육이 없어지고, 학교의 기능이 긍정적인 방향으로 자리를 잡아야 우리 아이들이 더 안정적으로 살 수 있을 것이라고 생각한다.

우리가 세상을 살아가면서 할 수 있는 공부들의 종류는 정말 다양하다. 학생들이 학교 성적을 얻기 위한 공부와 취준생들이 취업을 위한 공부만이 있는 것은 아니다. 특히 급속한 변화 속에 살아가야 할 우리의 아이들은, 이제 죽을 때까지 새로운 것을 배우며 살아야 하고, 새로운 것을 습득해 나갈 수 있는 학습능력이 없으면, 세상을 살아가기가 힘들어 질지도 모른다. 그리고 심지어 그 학습능력에 관한 것은 100세 시대인 현재, 부모인 우리에게도 예외가 될 수 없을 것이다. 우리는 죽을 때까지 배우고 적응해 나가야 하는 시대를 맞이한 것이다. 대략적으로 내가 생각하는 공부를 큰 범주로 나눠보면 다음과 같다.

- ◆ 특정한 목적를 위해 하는 공부(시험대비, 입학대비, 취업대비 등)
- ◆ 그때그때 필요한 정보를 얻기 위한 공부(세금, 육아, 부동산, 인테리어 등)
- ◆ 삶에 정말 필요한 공부(법 지식, 경제 지식, 심리학 지식 등)
- ◆ 급하진 않지만 삶의 지혜를 얻고, 지적 호기심을 충족시키기 위한 평생의 공부(인문학, 철학, 종교, 과학 등)

오늘날 대한민국의 공부는 특정한 목적을 위해 하는 공부가 절대적인 것 같다. 중고등학생들도 기본적인 지적 호기심이 상당히 큰 학생이 아니라면, 시험 기간 외에는 공부를 하지 않는다. 중고등학교 시절부터 원하지 않는 공부를 하다 지친 대학생들은, 진짜 공부를 해야 하는 지식의 전당인 대학교에서 이제 더 이상 공부하기가 싫어진다. 공부를 잠시 내려놓고 1~2년 동안 탐색을 하다, 그 다음은 또 취업 스펙을 위한 공부를 하게 된다. 그리고 토익 공부를 해서 겨우 대기업에 입사를 하는 순간부터 실질적인 업무에서 업무 능력이 부족하다는 것을 깨닫는다. 그래서 또 엄청난 비용을 들여 각종 공부를 하게 된다. 결국, 자신이 추구하는 공부는 평생

아들아 방황해서 고마워

을 살아가면서 단 한 번도 해보지 못하는 경우가 많다.

그래서 우리 아이들이 사춘기를 행복한 고민과 건강한 경험을 하면서 성장하여 건강한 청년들로 자라기 위해서는 우리 모두가 함께 고민하고, 자신을 추구하는 진짜공부를 해야 한다고 생각한다. 공부는 정말 필요한 것이지만, 세상을 살아가면서 실제로 삶에 적용할 수 있는 인생 공부라면 더 좋으리라 생각한다. 우리 아이들이 사회에 나오기 전에 삶에서 필수적인 경제 개념을 배우고, 올바른 인간관계를 서로의 관계 속에서 배우고, 공정하고 정의로운 세상을 위해 알아야 할 법과 상식 등을 배워서 그들이 살게 될 실제 생활에 적용할 수 있다면 얼마나 좋을까? 우리나라의 미래를 위해서라도 학교에서 그 모든 것의 기초가 되는 수업이나 책 읽기 교육이 실시되어야 한다고 생각한다. 모든 교육을 가정과 사교육에서 해결하는 시스템이 아니라, 천천히 가더라도 학교에서 아이들이 함께 읽고, 생각하고, 그 생각을 나누고, 글도 쓸 수 있는 그러한 교육과정이 필요하다고 생각한다.

빨리빨리 가야하는 속도에 아이들은 공부의 흥미를 모두 잃어버린다. 모든 학생들을 다 이끌고 가기는 힘들다고 얘기하는 교육자가 있다면, 그 교육자는 이미 교육을 포기했다는 얘기일 것이다. 속도에 뒤쳐져 방치되거나 홀로 남겨지는 학생은 단 한명도 없어야 한다. 그래야 공교육이 지속될 것이다. 이제 학생들은 학교를 선택할 수도 있고, 포기할 수도 있다. 그리고 학교를 선택하지 않는 아이들의 물결이 무섭게 커지고 있다. 더 이상 간과할 정도의 특별한 소수의 아이들이 아니다. 이제 우리 부모들뿐 만 아니라, 교육자들, 그리고 사회의 기성세대들 모두 이 격변기의 사춘기 아이들에 대해 공부하고 변화해야 한다. 아이들이 건강하게 성장해야 우리 사회의 안정과 발전과 행복을 함께 꿈 꿀 수 있다.

05

아들은 반은 남의 자식

• 아이들에게 결정권 넘겨주기 •

우리 아들은 어릴 때부터 밖에 나가서 노는 것을 아주 좋아했다. 아파트 단지 내에서 자전거를 타고, 벽을 타고, 나무를 타고, 뛰어다니고, 봄이면 개구리를, 여름이면 벌레들을 잡으면서 놀았다. 친구들에게 개구리를 잡아서 한 마리씩 나눠 주기도 하고, 놀이터에서 하루 종일 놀며 들르는 모든 아이들과 함께 놀다가 해질 무렵이면 집에 돌아왔다. 나도 어린 시절 산으로, 들로 동네 골목길로 놀러 다니며 컸던 기억이 있어서, 아들이 밖에서 노는 것이 참 좋았다. 선사시대부터 내려오는 자연을 좋아하는 인간의 본성을 아들이 지니고 있는 것도 참 좋았다. 인간은 자연의 일부라 생각하는 내게는 그것이 참으로 자연스럽고 좋은 일이었다. 그러나 그것이 이웃들에게는, 특히 아들 친구들의 엄마들에게는 그다지 좋아 보이지 않았나 보다. 어느 순간부터 동네에서 이상한 소리가 들려왔다. 왜 아들을 관리 안 하냐고. 학원은 왜 안 보내냐고, 그리고 조금 지나친 엄마들은 우리 아들과 딸이 듣고 있는 앞에서, 자신의 아이에게 우리 아들과 놀지 말라고 까지 말을 했다고 한다. 그리고 우리 아들은 초등학교 1~2학년을 보낸 학교에서 남자 친구들의 생일파티에는 한 번도 초대받지 못했었다. 반면에 여자 아이들은 우리 아들이 재미있다며 생일 파티에 초대를 하기도 하고, 엄마들 식사에도 초대를 받았었는데, 신기하게도 남자 아이들 생일에는 단 한 번도 초대를 받지 못했었다. 지금까지도 그 이유는 정확히 모르고 있다.

아들이 주변 어른들에게 적대감을 갖기 시작한 것은 이 무렵부터였다. 내가 일을 하는 탓에 아들은 엄마, 아빠가 없는 상태에서 홀로 축구클럽 연습에 참여를 했었다. 그 자리에는 나를 제외한 모든 엄마들이 자신의 아이들을 응원하러 나왔었고, 아들은 일상생활에서도 학교의 행사에서도 보호자 없이 다른 어른들을 마주했고, 마주했던 어른들은 아들에게 그렇게 따뜻한 느낌을 주지는

아들아 방황해서 고마워

못했던 것 같다. 유난히 어른들을 경계하고, 완전히 자신에게 우호적이라는 확신이 들면, 그때서야 긴장을 푸는 아들의 모습을 보기 시작했다. 아마도 그것이 훗날, 아들이 중학교 생활을 하면서 자신을 대하는 선생님들의 강한 어투에 민감하게 반응하게 된 배경이 되었던 것 같았다. 아들을 지켜보면서 마음이 아팠지만, 우리 가족의 상황에서는 어쩔 수 없는 일이었다. 할 수 있는 선에서 나름대로 최선을 다했지만, 모든 순간에 아들이 '안전하고, 편안하다.'라고 느끼는 상황을 만들어 주지는 못했던 것 같다. 아들이 커가면서 막연히 조금씩 단단해 지리라 생각했었다. 그리고 한창 방황하고 있는 아들이지만, 이러한 좋고 나쁜 모든 관계를 통한 경험들이 아들을 스스로 성찰하게 하고, 단단하게 만들어 줄 것이라 믿고 있다. 그러한 좋고 나쁜 경험들을 하는 동안 우리 부모가 해야 할 것은 흔들리지 않고, 믿어주고, 기다리며 든든한 버팀목이 되어주는 것이다.

이렇듯 활동적인 남자아이는 세상에 우리 아들만은 아닐 것이다. 여자아이들보다 남자아이들은 굉장히 활동성이 많고, 적절한 신체 활동을 해 주어야 지적인 활동도 더욱 원활이 소화를 할 수 있다. 이렇게 몸이 근질거리고, 뛰어다니기를 좋아하는 남자 아이들이 학교생활을 원활하게 하는 것 또한 만만치 않은 일이라는 생각이 든다.

내 친구 중에 일찍 결혼하고 서른 살까지 모두 세 명의 아들을 낳은 친구가 있다. 그 친구가 말하길 "아들은 반은 남의 자식이라고 생각해." 그 때는 우리 아이들이 너무 어려서 어렴풋이 '아. 그렇겠구나.'하고 짐작을 하는 정도였지만, 지금은 그녀의 말을 폭풍 공감 한다. 엄마들은 남자 아이들의 특징을 잘 모를 뿐만 아니라, 알아도 이해하기는 좀 힘들지 않을까 생각한다. 그런 아들이 사춘기에 접어들면, 이해할 수 없는 영역은 폭발적으로 많아진다. '꼴통 쇼(꼴찌들의 통쾌한 승리 쇼)'의 진행자인 이영석씨는 '아들은 내놓고 키워야 한다.'라고 말한다. '도대체 어떻게 내놓고 키우지?'

엄마들은 이 걱정, 저 걱정이 많다. 요즘처럼 험한 세상에 아들을 내놓고 지내기는 정말 불안하다. 나쁜 일을 당할 수도 있고, 나쁜 짓을 할 수도 있고, 특히 이 디지털 시대와 밤이 밝은 시대의 아들들은 예측불허이다. 전국, 아니 전 세계와 연결이 되는 디지털 환경에, 실명제도 아닌 SNS 플랫폼에, 밤새도록 운영하는 pc방이며, 편의점 등으로 불이 꺼지지 않는 밤의 환경은 아이들이 밤에

아들아 방황해서 고마워

활동을 하기에 최적화된 환경이 아닌가? 게다가 사춘기의 아이들은 이제 부모들의 통제에서 끊임없이 벗어나려 한다. 하지만 그것은 사춘기 아이들의 자연스러운 현상이다. 아이들이 자아가 커져가고, 호기심도 많아지고, 기존의 사회적 질서에 대한 의문도 생기고, 서서히 부모로부터 독립을 꿈꾸는 것은 그들이 반드시 겪어야 할 과정이다. 아이들이 미숙하고 현실감각이 떨어지더라도, 부모는 이 시기부터에는 아이들의 독립성을 인정해 주고, 결정권을 서서히 아이들에게 주어야 한다. 물론 아이들에게 부모의 가치관과 소신을 끊임없이 주지시키고, 심어주는 과정은 반드시 필요하다. 하지만 그것이 당장 아이들에게 바로 먹히고, 실천이 될 것이라는 기대는 접는 것이 좋겠다. 부모의 옳은 가치관을 심어주는 과정은 아주 오랜 시간이 걸릴 것이다. 오랜 기간에 걸쳐 아이들의 머리와 몸과 마음에 새겨질 것이다.

나는 어릴 적부터 친정 부모님 두 분이 평소에도 책을 읽고, 글을 쓰시는 모습을 자주 지켜보아 왔다. 문학을 전공하였음에도 불구하고, 젊은 시절의 나는 책을 그리 즐겨 읽지는 않았다. 그런데 참으로 놀랍게도 나이를 먹을수록 수십 년 동안 꾸준히 보아왔던 부모님의 모습을 내가 그대로 따라하고 있었다. 어릴 적부터 내게 강요하지 않고, 꾸준히 책 읽는 모습을 보여주신 부모님께 감사드린다. 흔히들 '아이들을 가르칠 수는 있어도, 강요할 수는 없다.'라고 한다. 부모에게 필요한 것은 역시 오직 사랑과 인내심이다. '기승전 사랑'이다. 그리고 사랑은 우리 아이들이 어떤 꿈을 꾸든 움직이게 해줄 수 있는 마법의 원동력이 될 것이다.

아들아 방황해서 고마워

06

엄마의 감정

• 아이의 행복을 위해 엄마가 먼저 행복하기 •

요즘은 아이들이 사춘기를 맞이할 때 즈음이면, 엄마들도 그와 비슷한 시기에 갱년기를 맞이하는 경우가 많다. 나의 제자들이 5~6학년 즈음 되면 어른 흉내를 내며 내게 꼭 묻는 질문이 있다.

"선생님! 사춘기가 더 무서워요? 아니면 갱년기가 더 무서워요?"

그 질문에 대한 나의 대답은 "그건 집집마다 달라."였다.

그렇다. 집집마다 다르다. 아이들도 엄마들도 성격과 타고난 기질이 다 다르기 때문에, 어떤 집은 엄마의 강력한 갱년기가 아이의 사춘기를 잠재우기도 하고, 어떤 집은 강력한 사춘기에 엄마들이 갱년기가 뭔지도 모르고 지나가기도 한다. 무엇이 더 낫다고 말할 수는 없을 것 같다. 두 시기 모두 적절히 겪어야 아이도 엄마도 건강하게 독립을 할 수 있을 것이다. 어른이든 아이든 자신의 감정과 신체의 상태를 충분히 건강한 방향으로 그때그때 표현할 수 있어야 한다. 그렇지 않으면 오히려 나중에 더 크게 터진다.

아이도, 엄마도 모두 감정이 있는 한 인간이다. 우리는 기쁘고, 행복한 감정만을 표현해야 한다는 주변의 암묵적 강요와 자신의 강박증 때문에 힘겨워 하기도 한다. 그러나 우리는 인간이기에 기쁘고 좋은 감정 외에 슬프고, 화나고, 우울한 감정들도 당연히 가질 수 있는 것이다. 이것을 자연스럽게 받아들이고, 만약 나쁜 감정이 왔다가 그 원인이 쉽게 해결되는 일시적인 경우는 누구나 다느낄 수 있는 감정이라고 생각하면 된다. 그런데 만약 나쁘고 우울한 감정이 오래 지속되는 경우는 그 원인을 반드시 알아야 할 것이다. 이 나쁜 감정들이 지속되고, 오래 반복된다면, 그 원인을 스스로 찾는 힘마저 잃어버리는 경우가 많다. 그런 나쁜 감정들이 처음 지속되는 걸 느끼면, 피하지 말고 스스로 그 원인에 대해 생각을 해 볼 필요가 있다. 우울한 생각과 감정들이 계속 튀어나오는 걸 '딱!'하고 멈추어보자. 그리고 뒤에 숨어있던 나의 진짜 생각을 끄집어내 보자. 그리고 스스로에게 질문해 보자.

'난 지금 왜 이렇게 기분이 가라앉는 걸까?'
'난 지금 왜 이렇게 가슴이 답답한 걸까?'
'난 지금 왜 자꾸 슬프고 눈물이 나는 걸까?'

이렇게 차근차근 자신에게 질문을 해 나가다 보면, 내가 지금 우울하고 슬픈 원인을 명확히 알 수 있을 것이다. 그리고 그 원인을 알게 되면, 그 원인이 되는 문제를 찾아서 빠르게 해결하도록 하자. 무작정 두려워하지 말고 용기 있게 부딪혀서 해결하도록 해 보자. 모든 문제에는 그 원인이 있고 적절한 해결 방법이 있다. 무조건 덮어 두고, 뒤로 숨어있지 말고, 마음을 단단히 하여 스스로 해결하는 방향을 선택하자.

아이들을 기르다 보면, 홀로 감당해야 하는 육아에 몸도 마음도 지쳐서 우울하거나, 나쁜 감정이 찾아와도 그냥 덮어버리고 지나가는 경우가 허다하다. 하지만 그것은 정말 위험한 일이다. 엄마의 감정이 아이가 자라는 동안 고스란히 아이에게 전달되기 때문이다. '엄마가 행복해야 아이도 행복하다.'라는 얘기는 그냥 쉽게 나온 이야기가 아니다. 정말로 엄마는 마음이 편하고, 행복해야 한다. 물론 엄마들은 아이들을 자신보다 더 소중하게 느끼고 사랑한다. 하지만 엄연히 독립된 개체이고 살아있는 생명체인 아이들이기에, 예상치 못한 행동과 반응들을 할 수 있다. 이를 마주하는 엄마들이 좌충우돌 웃기도 하고, 울기도 하고, 사랑스러워하기도 하고, 야단치고 마음 아파하기도 하는 것은 당연한 일이다.

그런데 문제는 엄마들이 아이를 키우면서 사회적으로 고립이 되기 쉽다는 점이다. 예전에는 아이들을 기르면서 힘들면 함께 도와주고 조언도 해 줄 수 있는 가족 구성원이 있었지만, 지금은 아이와 엄마뿐이다. 예전엔 아이가 엄마에게 혼나면 등 뒤에 가서 숨을 수 있는 할머니가 계셨고, 엄마가 식사 준비를 하면 놀아줄 이모나 삼촌이 있었지만, 요즘은 아이와 엄마뿐 아무도 없다. 게다가 아빠는 직장에서 항상 밤늦게 집으로 온다. 엄마는 아이와 단 둘이 보낸 고단한 하루를 뒤로 하고, 아이를 재우면서 사랑스러운 마음과 미안한 마음이 교차하는 걸 느낀다. 그렇게 엄마와 아이만의 시간이 절대적으로 많았기에, 자녀에게 문제가 생기면 엄마의 잘못

아들아 방황해서 고마워

인 듯한 시선과 책임의 압박을 느끼며, 주변 사람들에게도 또 한 번 고립이 된다. 그러다 보니, 의논할 대상은 마땅히 없고 부담만 배가 된다. 그 과정에서 남편의 사랑과 자녀 교육의 성공이 뒤따라 주지 않으면, 우울의 늪에 빠지기도 쉽다. 아이들과 소통하기 보다는 이웃의 엄마들과 소통을 하며, 아이들의 외적 성장만을 재촉하게 된다.

우리는 살아가면서 필수적으로 다양한 관계를 맺고 살아간다. 어떤 관계에서든 나의 입장을 분명히 하면, 관계에서 오는 문제가 충분히 해결되고, 나를 누르고 힘들게 하던 슬픈 감정들이 해결된다. 그러나 사회적으로나 주변 사람들과의 관계에서 고립된 엄마들은 혼자의 힘으로 그 관계에서 자신의 입장을 분명히 할 용기가 잘 나질 않는다. 그것은 아마도 여성들은 순종하고, 인내하고 살아야 한다는 오래된 우리의 관념과 기준 때문일 것이다. 힘들어도 주변 사람들에게 내색하기 보다는 잘 감당해내는 엄마가 되어야 한다는 부담감에 엄마들은 아이들과 자신을 스스로 고립시킨다. 하지만 그 고립된 공간에서 벗어나 도움을 요청하고, 남편과 다른 가족들에게 자신의 상태를 정확하게 이야기할 줄 알아야 한다. 그리고 요즘은 예전보다 가정일과 육아를 돕는 아빠들이 늘어나고 있는 추세여서 정말 다행이긴 하다. 아빠들도 이제 더 이상 육아를 '엄마' 한 사람의 담당이라고 생각해선 안 된다. 두 사람이 사랑해서 이룬 소중한 가정인 만큼 함께 만들어가야 한다는 것을 늘 잊지 않고 살아갔으면 좋겠다.

나는 심리학을 전문으로 배웠거나, 전문가도 아니지만, 내가 사람들과의 관계로 인해 오랫동안 힘들었던 경험과 어떻게 관계의 문제를 해결해 나갈 수 있는지에 대한 경험을 나누고 싶다. 관계의 문제를 하나씩 해결하고, 육아의 문제에 대해 부딪힌 어려움을 주변 사람들과 하나씩 의논하고 해결해 나갈 수 있다면, 육아는 어느새 막연한 부담에서 새로 찾은 축복과 행복으로 바뀌어 갈 것이다.

요즘 나의 타이틀은 'Friendly Annie'이다. 사람들이 나를 이렇게 불러주는 게 좋다. 서툴지만 이제는 친근하고 따뜻한 내가 좋기 때문이다. 나는 어릴 적부터 똑 부러지는 면이 하나도 없었다. 어눌하고 서툴고, 어리바리하고, 실수투성이였다. 느리고 다른 사람들에게 내 의견을 분명히 말할 줄도 모르는 그런 사람이었다. 그래서 친구들이랑 문제가 생길 것 같으면, 그냥 내가 물러났고, 부모님이 하지 말라고 하시면, 문제가 생길까 봐 더 이상 하지 않았고,

아들아 방황해서 고마워

결혼을 해서는 역시 시부모님 말씀에 어김없이 따르는 며느리가 되고자 했다. 그렇게 표현을 제대로 하지 못하고 오랜 세월을 지내면서, 한 때는 시어머님 전화만 와도 마음이 불안하고, 가슴이 답답한 경험을 하기도 했다. 사실 어찌 보면 우리들의 시어머님 세대에 대해서도 우리가 비판만을 할 수는 없다. 그 분들은 지금은 상상도 할 수 없는 순종과 헌신을 강요받던 시절을 살아 내셨으니, 당연히 며느리들에게도 그것을 관습적으로 원하지만, 시대가 너무나 빠르게 바뀌어 두 세대의 여자들은 모두 힘들어 하면서도 서로를 이해하기 힘든 환경에 놓인 것이다.

그렇다면, 예전처럼 순종과 헌신을 유독 강요하는 시어머님과의 관계를 어떻게 하면 스트레스를 받는 부담스러운 관계에서 편안한 관계로 만들어 갈 것인가? 그 방법은 사람의 성향이나 집안 상황마다 모두 조금씩 다르겠지만, 나의 경우에는 진심으로 힘든 나의 상황과 마음을 어머님께 전했다. 결혼생활이 20년이 다 되어가도 집안형편이 좀처럼 나아지지 않는 우리 가정을 보면서, 어머님도 많이 답답하셨을 것 같다. 한 15년 정도는 나는 어머님이 보시기에 살림도, 바깥일도 잘 하는 며느리로 보이고 싶었던 것 같다. 해마다 손이 많이 가는 김장도 혼자서 담가 먹고, 바쁜 와중에도 틈틈이 아이들 먹거리를 직접 준비하고, 내 능력 이상으로 하려고 애를 썼던 것 같다. 당연히 감당할 수 없는 것을 하려하니, 몸도 마음도 고장이 나기 시작했다. 곁에서 눈으로 직접 보는 게 아니니까, 시댁 식구들은 내가 얼마나 힘겹게 살고 있는지 모르시는 게 당연했다. 부모님께 연락도 잘하고, 아이들도 잘 기르고, 살림도 잘 하길 바라셨던 시어머니와 마주하던 몇 년간은 서로 힘들었던 것 같다. 몇 해 전에 전화 통화 끝에 어머님께서 화가 나서 전화를 끊으셨고, 그 때 난 생각했다. 평생 함께 할 가족이기에 나의 입장을 차분하고 분명히 전달하기로 했다. 요즘은 서로 감정적으로 힘들 때는 문자나 카톡을 통해서도 서로의 의견을 전달할 수 있으니 좋은 것 같다. 결혼 초반에는 시부모님께 편지를 썼던 기억도 난다. 그 사이 세월이 참 많이 흘렀고, 많은 것들이 달라졌다. 의견을 문자나 카톡으로 전달하더라도 최대한 어머님께 진심을 담아서 정중하게 했다. 내가 어머님에게 존중받고 싶으면, 어머님에게도 먼저 진심 어린 존중을 표현해야 한다고 생각했다. 어머님과 남은 평생 안 볼 사이도 아니고, 앞으로도 좋은 관계로 잘 지내고 싶었다. 어머님은 전화 통화를 하거나 만날 때 꾸짖기만 하시고, 비판만 하시니 너무 힘들다는 점과 자주 통화를 못해도 한 번 할 때 즐겁게 통화를 하면 다음에 또 통화를 하고 싶을 것 같다는 내 의

　　　　　　　　　　　　　　　아들아 방황해서 고마워

견을 명확히 전달하였다. 며칠 후 어머님은 시골집에 새 식구가 된 귀여운 강아지 사진을 보내주시며, 간접적으로 화해의 표현을 하셨다. 내가 상대방에게 표현하지 않으면, 아무도 나의 마음을 알 수가 없다.

한국인들은 예전부터 부드럽고 솔직한 의견을 표현하는 소통에 별로 익숙하지 않았다. 그러나 요즘은 외국에서 공부하고 오거나, 외국인들의 문화를 많이 접해본 사람들이 많아지면서, 많이 달라지고 있다. 우리 아이들 세대만 해도 많이 달라지고 있는 것 같긴 하지만, 그래도 여전히 한국인들에겐 솔직한 표현이 어렵게 여겨진다. 예전에 대학원의 한 수업 과정 중에, 교수님께서 발표가 있을 때면 모든 발표자에 대해 참관자들이 긍정적인 피드백과 부정적인 피드백을 정중하게 줄 것을 요청하셨다. 지금 생각하면 우습지만, 발표 후 동료에게서 듣는 부정적인 피드백은 참으로 당황스러웠고, 어떤 멤버들은 서로 감정싸움을 하기도 했다. 앞으로 우리도 자신이 좋아하는 것과 싫어하는 점에 대해서 솔직하지만 부드럽고 정중하게 의사 표현을 할 수 있도록 연습을 한다면, 표현을 못하여 스트레스를 받는 경우가 많이 줄어들 것 같다.

다시 본론으로 돌아와서 엄마의 감정에 대해 얘기해보자. 엄마가 다른 관계에서 오는 스트레스와 우울한 감정에서 벗어나고, 자신의 입장을 정확하게 표현하고, 도움이 필요할 때 정확하게 주변 사람에게 요청할 수 있다면, 엄마는 사회적으로도 주변인들로부터 고립되지도 않고 좋은 협력자들과 함께 우울하지 않은 육아를 할 수 있을 것이다. 그렇게 얻어진 안정적인 엄마의 감정은 아이들이 자라는 동안 아이들에게도 내적으로나 외적으로도 안정적인 환경을 제공할 수 있을 것이다.

아들아 방황해서 고마워

07

아이들은 스스로 자라는 힘이 있다.

• 좋은 부모의 역할 찾아내기 •

나는 똑똑하고 창의적인 아이를 만들고 싶다는 생각보단 나의 아이가 행복한 아이로 성장하길 바란다. 시간이 갈수록 아이는 어른들에 의해 키워지는 것이 아니라 스스로 커간다는 생각이 든다. 자녀들을 좋은 대학에 보낸 부모 주변에서 아이들을 잘 키웠다며 사람들이 너스레를 떨 때, 아이를 키워줄 만한 삶의 여유가 없이 생존을 위해 치열하게 살아가는 부모들도 있다. 그들의 아이들은 부모가 해줄 수 있는 최소한의 지지와 관심만을 받으며, 때로는 독립적으로 때로는 소외감을 느끼며 이 사회의 구성원이 되어간다. 부모가 아이를 잘 돌보지 못하고, 공부를 잘 하도록 이끌어주지도 못하여, 아이가 방황하기도 하고, 좋은 대학에 가지 못한다고 그 아이를 잘못 키운 것은 아니다. 아이는 부모가 잘 키운다고 해서 잘 자라는 존재가 아니라, 스스로 자라기 때문이다.

한 사형수의 두 자녀를 성인이 되어 추적 조사한 결과, 한 자녀는 아버지와 비슷한 삶을 살고 있었고, 다른 한 자녀는 그러한 환경에서 벗어나기 위해 안간 힘을 다하여 성공한 삶을 살고 있었다고 한다. 그리고 부모가 먹고 살기 바쁘고 힘겨운 삶을 살아도 그 어려움을 함께 공감하여 열심히 사는 자녀가 있는가 하면, 반면에 부모의 어려운 형편을 원망하며 방황하는 자녀가 있을 수도 있다. 무엇이 어디서부터 잘못되어 아이들이 방황을 하게 되는지 원인을 명확히 밝힐 수는 없지만, 아이들이 방황하는 요인은 여러 가지가 복합적으로 작용을 하는 것 같다. 사실 원인을 밝히는 것도 중요하지만, 명확히 알 수 없는 원인을 밝히는데 집중하기 보다는 지금 가장 중요한 문제의 해결책을 하나씩 찾아가면 될 것이다.

지금 당장은 아이가 방황하고 있어서 부모로서 마음이 조급해지기도 하고, 우울해지기도 할 것이다. 나도 어쩌면 우리 아들이 살짝 방황했다면 아직도 조급한 마음만을 가지고 있었을지 모르

아들아 방황해서 고마워

겠다. 그런데 중학교 시절에 2년 동안 모든 것이 통째로 틀어져버리고, 자신을 놓아버린 아들 앞에서 난 모든 것을 내려놓지 않을 수 없었다. 아들이 중학교 2학년 때 같은 반으로 한 친구가 전학을 왔다. 그리고 그 후 2년 동안을 그 친구와 함께 방황을 하면서 참 많은 일이 있었다. 그 아이는 부모의 이혼과 재혼으로 인해 방황하게 된 친구였다. 아버지와 함께 살았는데, 새엄마와 문제가 있어 집을 나와서 돌아다니던 아이였다. 마음이 따뜻하고 참 착한 아이인데 저렇게 방황을 하다니, 어른들의 책임이 크다는 생각을 했다. 2년 동안 우리는 그 친구를 몇 주씩 데리고 있기도 하면서 최대한 그 아이에게 가족의 따뜻함을 느끼게 해주고자 무던히 애를 썼다.

전학으로 두 번째 중학교를 다니고 있던 아이와의 의논 한 마디 없이, 아이의 아버지는 전학 당일에 학교로 예고도 없이 찾아와 아이를 데리러 왔고, 아이는 아버지에게 억지로 끌려서 세 번째 중학교로 전학을 가게 되었다. 중학교 시절을 세 학교를 다녔으니, 아이는 마음 붙일 동네도 친구도 없었다. 그 친구는 전학을 가고도 한 동안은 집을 나와서 우리 동네로 왔고, 때로는 우리 집에서, 때로는 길거리에서 밤을 보내게 되었다. 결국은 '재워주니까 아이가 집을 나간다.'고 그 아이의 부모들에게 원망을 받았고, 그 아이는 우리에게 미안해서 더 이상 오지 않고, 추운 겨울을 홀로 밖에서 보냈다.

우리 아들이 방황을 하면서 느낀 점은 부모들은 모두 아이들이 친구를 잘못 만나서 그렇다고 생각하고, 내 아이는 그 친구를 만나지 않았으면 그렇게 되지 않을 아이라고 생각하는 것이었다. 처음엔 나도 일하는 엄마의 부재로 그런 친구들을 만나서 아이가 탈선을 하고, 방황을 하게 되는 것이라 생각했고, 처음 그 길로 안내한 친구들이 원망스러울 뻔했다. 그런데 시간이 지나고 나서 나는 궁금했던 것을 아들에게 물어보았고, 아들의 대답이 놀랍기도 하였고, 어른스러워 기특하기도 하였다.

"가끔 엄마는 친구 ○○이가 이 학교에 전학 오지 않았더라면, 우리 아들이 집을 나갈 일도 없었고, 방황을 하지도 않았을 것 같다는 생각을 해 보는데, 네 생각은 어떠니?"

"에이, 엄마. 그건 그렇지 않아요. 그런 친구들이 있어도 휩쓸리지 않고, 방황하지 않을 친구들은 안 하는 거고, 저는 노는 게 재미있어서 제가 선택한 거예요. 그러니까 그런 생각 하지 마세요!"

아들아 방황해서 고마워

아들의 말이 조금은 야속했지만, 정확하게 맞았다. 외부적인 자극들이나 요인들이 다소 작용은 했겠지만, 결국 내 아이가 방황하는 것은 그것이 가족의 문제이건, 주변 환경의 문제이건 그 요인들이 아이의 마음에 어떤 작용을 했기 때문이다. 이렇게 뇌가 다르게 작용하고, 방황을 많이 하는 사춘기 아이도 가끔씩 어른보다 더 어른스러울 때가 있다. 그리고 우리가 보기에 이상한 행동들을 가끔씩 하기도 하지만, 평소에는 자기 자신을 누구보다 더 제대로 보고 있기도 하다. 아이들은 순간순간 자신의 현재 위치를 제대로 바라볼 때도 있다. 중학교 2학년 때에는 바깥 놀이의 유혹에 미친 듯이 아무것도 안 보려고 하던 아들이, 중학교 3학년이 되니, 주변에 조금씩 관심을 보이고, 이제 가끔씩은 아주 멀쩡한 상태로 돌아온다. 아들이 최근까지는 그냥 신나게 놀기만 하더니, 이제는 일주일에 4~5일 동안은 하루 8시간 이상 아르바이트를 한다. 아들은 이제 사고치는 일이 줄어들고 있고, 가끔씩 내게 감동적인 얘기도 한다. 물론 아주 가끔이지만. 얼마 전엔 밤낮이 바뀌어 새벽에 내가 일어난 시간에 아들이 깨어 있었다. 그런데 갑자기 아들이 내게 물었다.

"엄마, 설거지거리가 조금 많은데 내가 할까?"

그러더니 후다닥 설거지 한 판을 말끔히 해 버린다. 아르바이트에 가서 설거지를 하더니, 설거지 요령을 터득했나? 아무튼 뒤처리까지 꽤 잘 정리 했었다. 살다보니 참 별일이었다. 아무튼 엄마의 말 한 마디 없이도 자기 마음이 움직여서 무언가를 했다는 게 기특하고 신기했다. 앞으로 다시 그런 모습을 보긴 힘들겠지만 마음이 뿌듯하고 행복했다. 그리고 한 번은 엄마와 아빠가 함께 가는 등산을 따라가겠다고 하더니, 친구들과 함께 가도 되는지 묻는다. 나라면 불편하게 생각할 텐데 친구 부모와 함께 등산을 가겠다고 스스로 말하는 아이들이 신기했다. 아들과 친구들은 그날 등산 이후로도 자기들끼리 등산을 몇 차례 더 갔다고 했다. 참으로 신기한 일이다. 아이들의 뇌는 성장하면서 계속 변하고 있고, 뇌는 경험하는 것에 따라서 급격히 변할 수도 있고, 시간이 걸려서 천천히 변할 수도 있지만, 중요한 것은 변할 수 있다는 것이다. 그리고 아이들이 마음이 움직이는 방향에 따라 행동할 때, 우리는 지속적으로 밝고 기분 좋은 방향을 바라볼 수 있도록 마음으로, 말로, 행동으로 도와야 한다.

사람의 수명이 점차 늘어날수록 철이 드는 나이도 비례해서 늦어진다고 얘기하는 사람들도 있다. 우리 조부모님 세대에는 평균

아들아 방황해서 고마워

기대수명이 50~60세였다고 한다면, 우리 세대는 평균 기대수명이 80~90세 정도 된다. 조부모님 세대에 서른이면 철들었다고 가정하면, 우리 세대는 50대가 되어야 철이 든다. 개념이 모호하긴 하지만, 내 생각을 말해보자면 삶에 대해 진지하게 고민하고 자신을 책임질 수 있으면, 그때 철이 드는 것이라고 생각해 본다. 기나긴 인생 여정에서 아이들은 저마다 서로 다른 모습으로 자라나고, 성장하기 위한 경험도, 방황도 수명이 길어진 만큼 오래 할 수도 있다. 하지만, 아이들은 스스로 자기의 위치를 보게 될 것이다. 그리고 본인이 생각하는 만큼 무엇인가가 되어갈 것이다. 아이들은 학문에 능통한 학자가 될 수도 있고, 전문적인 미용사가 될 수도 있다. 유튜버를 비롯한 SNS를 기반으로 한 사업가 또는 현재의 우리가 처한 환경에 따른 기후 전문가나 환경 전문가, 그리고 그 외에 우리가 상상도 하지 못한 직업을 가질 수도 있을 것이다. 그리고 그 모든 것은 아이들이 느끼고, 스스로 행동함으로써 이루어질 것이다. 절대 우리가 나서서 그들을 대신 줄 수는 없다. 또 그렇게 해서도 안 될 것이다. 좋은 부모의 역할은 사랑해주고, 믿어주고, 기다려 주는 것이다. 그리고 아이들의 행복을 마음으로 간절히 소망하고 믿어주는 것이다. 부모의 역할은 딱 거기까지이다.

08

엄마와 자녀를 분리하는 연습

• 아이와의 심리적인 탯줄 끊어내기 •

엄마와 자녀를 분리하는 연습에 대해서 생각하기 전에 먼저 아이가 태어나던 그 순간으로 다시 한 번 돌아가 그때를 떠올리며 생각해 본다. 아기는 10개월을 엄마의 몸속에서 엄마와 교감을 하고, 탯줄을 통해 양분을 잘 공급받던 아기는 드디어 세상에 나와 스스로 먹을 수 있게 된다. 아기는 이제 스스로 숨 쉴 수 있는 준비가 되어 힘차게 세상에 나온다. 우리 남편은 첫째 아이의 탯줄을 끊던 기쁨에 눈물이 나던 그 순간이 아직도 생생하다고 한다. 아이는 그렇게 물리적으로 엄마와 분리되어 세상에 태어난다. 만약 10개월이 지나도 미성숙하거나, 10개월이 되기도 전에 미숙아로 태어나는 아기들은 세상에 나와서도 더 많은 케어를 받아야 한다. 또는 완전하게 스스로 호흡하고 먹을 수 있는 능력이 없으면 생명이 위태로워질 수도 있다.

아기는 이렇게 육체적인 탯줄에서 엄마와 분리가 되지만 아이가 자라는 동안에 엄마와 아이의 심리적 탯줄은 여전히 연결되어 있는 상태가 된다. 엄마는 아이에게 젖을 먹이면서 늘 안아주고, 어린이집이나 유치원을 가기 전까지는 아침에 눈떠서 밤에 잠이 들 때까지 하루 종일 함께 하는 존재이기 때문이다. 그 후로 서서히 아이가 유치원에 가고, 학교에 가면서 친구들과 어울리게 되고, 엄마와 물리적으로 함께 하는 시간이 조금씩 줄어든다. 아이는 바깥세상으로 눈을 돌리기 시작하지만, 엄마는 여전히 아이가 자신과 한 몸이라고 느끼는 것 같다. 그래서 아이의 '일거수일투족'에 관심을 갖지 않을 수가 없다. 초등학교 시절까지는 아이에게 부모의 보살핌이 필요한 시기이다. 그리고 아이는 중학교로 진학하게 된다. 아이는 점점 친구들과의 관계에 깊이 빠져든다. 그것은 자연스럽고 당연한 일이다. 이제 심리적 탯줄을 끊기 위한 신호를 아이 스스로 부모에게 보내는 것이다. 모범생이건, 방황하는 아이이건, 자신만의 시간과 또래집단과의 교류가 필요한 시간이 된 것이다.

학교 공부가 전부인 것처럼 아이가 다른 곳으로 눈을 돌리면 불안해하는 부모들의 눈을 피해 아이는 자신들만의 영역을 하나, 둘 만들어 가기 시작한다.

이렇게 심리적 탯줄을 스스로 끊기 위한 기초 작업을 해야 하는 아이들이 요즘은 진학과 취업 등의 이유로 맘껏 심리적 탯줄을 끊기 위한 준비, 즉 스스로 설 준비를 할 여유가 없다. 자신을 돌아보고 세상을 탐색할 시간이 주어지지 않고, 오직 진학을 위해 주어진 패턴과 프레임을 따라가기 바쁘다. 그런 상황이다 보니, 아이들은 스무 살이 되어도, 서른 살이 되어도, 심지어는 마흔 살이 되어도 부모와의 심리적 탯줄을 끊지 못하고 살아간다.

부모들은 모두 아이들이 심리적인 탯줄을 끊고, 진정으로 독립된 개체로, 사회인으로 살아가기를 바란다. 반복. 스스로 생각할 시간이 필요하다고, 돌아갈 시간이 필요하다고, 방황할 시간이 필요하다고, 자신을 찾을 시간이 필요하다고 신호를 보내는 아이들을 무조건 진학과 취업을 위한 공부의 늪으로 밀어 넣지 말고, 스스로 찾아갈 시간을 주는 엄마들이 되면 좋을 것이다. 사실 난 아이들을 무작정 공부의 늪으로 밀어 넣는 그런 엄마는 아니었지만,

아이들이 어릴 때부터 바깥일이 바쁘다는 핑계를 대며, 아이들에게 푸근하고 넉넉한 사랑을 주지 못한 부족한 엄마였었다. 그래서 이제라도 우리 아이들에게 내가 줄 수 있는 최대한으로 사랑의 양분을 공급해 주려 한다. 내가 하고 싶은 말을 먼저 하기보다는 아이들이 하고 싶은 말을 들어주려 한다. 아이들이 심리적 탯줄을 끊고도 불안해하지 않고, 스스로를 믿으면서 나아갈 힘을 얻기를 바란다. 오래 걸리더라도 자신에 대해서 많이 탐색하고, 연구해 보고 스스로 자기 길을 찾아 나서기를 바란다.

그렇게 아이들이 스스로를 찾아가는 동안 나도 60세, 70세에 이루고자 하는 내 꿈을 하나씩 계획하고 실천해 나가려 한다. 그럼 아이의 독립에 이어서 엄마의 독립도 완성이 되는게 아닐까 한다. 마흔이 되어도 심적, 경제적 독립을 하지 못한 자녀 때문에 걱정하는 70대 노인층이 늘어가고 있다고 하니, 우리도 노후에 대해 한 번쯤 심각하게 고민해 봐야하지 않을까 생각한다. 난 70이 되어서도 자식을 뒷바라지하면서 힘겨워하는 노인이 되고 싶지는 않다. 70살 이후엔 우리도 우리만의 자유로운 삶을 살아도 되지 않을까?

엄마와 아이가 심적으로 불안함 없이 자연스럽게 분리가 되고 나면, 이제 아이의 외적, 내적 독립과 자녀의 성장 후 엄마의 독립을 생각해 보아야 할 것이다. 아이의 내적인 독립을 위해서 많은 사랑과 양분을 주고 스스로 찾아가는 시간을 기다려 주어야 하지만, 외적인, 즉 경제적인 독립을 할 수 있도록 지속적으로 지침을 주고 함께 의견을 나누는 과정이 필요하다. 자녀의 경제적인 독립이 적당한 시기에 이루어지지 않아 힘들어 하는 노년층이 있다는 것을 우리는 매스미디어(mass media) 뿐만 아니라, 우리 주변에서도 흔히 볼 수 있다.

우리 세대에 부모님들은 가난한 시절에 많이 배우지 못해 당했던 불이익에 대한 것들을 자녀들에게 그대로 물려주고 싶지 않았기에, 자녀들이 공부만 열심히 하면, 집안일이나 돈에 대한 고민은 최대한 하지 않게 해주려고 애를 썼었다. 그 결과로 자녀들은 경제 개념이 무에 가깝게 공부만 하는 경우도 있고, 경제 활동을 제때 시작하지 못하는 사람들도 있었다. 요즘도 크게 다르지 않은 것 같다. 좋은 대학을 나와서 대기업에 취업을 해야 안정적이라는 생각이 지배적이어서, 청년들은 경제활동을 시작해야 할 시기에 더 좋은 직장을 위한 취업준비로 긴 세월을 보내기도 한다. 공부할 시간이 부족하니 공부에만 전념하라고 자녀를 닦달하지 말고, 취업준

아들아 방황해서 고마워

비 기간에 아르바이트라도 하면서 세상 돌아가는 이치와 경험을 하는 열린 마음을 가지도록 지속적으로 소통이 가능한 부모와 자녀 관계를 유지하면 좋을 것이다.

그리고 부모인 우리가 자녀들이 중고등학교 시절부터 '경제적 독립'에 대해 미리 계획하고, 자녀들의 스무 살 이후의 인생에 대해 함께 의논할 수 있으면 더욱 좋을 것이다. 나는 우리 아이들에게 '경제적 독립'에 대한 경험을 주기 위해서 몇 가지 사항에 대해 진지하게 얘기를 나누었던 적이 있었다. 그 한 가지 예는, 스무 살이 되면 대학 등록금 외에 모든 생활비는 스스로 벌어서 쓴다는 것이다. 지속적으로 아이들과 얘기를 나눠왔고 아이들도 그 사실을 이제 당연한 것으로 받아들이고 있다.

사랑하기에 자녀가 부모로부터 잘 독립하여 세상에 나아갈 수 있도록 때로는 정확한 지침을 줄 필요가 있다. 물론 나의 계획대로 안 되는 경우도 있을 수 있지만, 끊임없이 한 인간으로서 가지고 있는 나의 철학과 가치를 아이들과 주고받는 것은 필요한 과정이라 생각한다. 아이들을 가르치고 하도록 강요하는 것이 아니라, 끊임없이 의견을 주고받는 그런 과정이 필요한 것이다.

아이들은 끊임없이 자유를 갈망한다. 그리고 자유를 쫓는 시간을 가지다 보면, 분명 그 끝에는 자유를 누리고 싶은 만큼 책임이 필요하다는 것도 느끼게 될 것이다. 아이들은 그런 경험을 통해 스스로를 책임지는 진짜 어른으로 성장하게 될 것이다. 아이들이 어른으로 성장하기 위해 걷는 길은 시간이 좀 걸릴 것이다. 새삼 부모 노릇하기 참 힘들다는 생각이 들었다. 자식을 키운다는 것은 기다림의 연속이다. 아이가 비틀거리고, 방황하고, 아파하고, 많이 느리면, 쫓아가서 도와주고 싶을 것이다. 그래도 참아보자! 사랑과 믿음을 보여주며, 우리의 자리에서 지켜보자! 아이들은 스스로 찾은 그 자리에서 큰 날개를 펼치게 될 것이다.

그리고 우리는 어떠한가? 20년 동안 긴 시간을 오로지 가정과 아이들이 중심이 되어 살아온 우리들은 자유를 갈망하지 않는가? 부모는 자녀가 성장한 후 당당하게 자유를 누리기 위해서, 20여 년의 긴 시간을 책임을 다하며 살아온 것이 아닐까? 아이들이 자유의 끝에서 책임을 만나는 것처럼, 우리는 그 책임의 끝에서 인간으로서 누리고 살 수 있는 자유를 만나기를 간절히 소망한다. 100세 시대에 우리는 앞으로 살아갈 날들이 많을 것이다. 그렇다면 아이들을 잘 독립시켜 놓고, 그 기나긴 세월을 그냥 속절없이 보내지

아들아 방황해서 고마워

말고, 내 소중한 삶을 위해 다시 꿈꿔보는 것도 좋을 듯하다. 꿈은 우리를 설레게 해주고, 하루하루 살아가는 힘이 되어주고, 지루한 삶을 재미나게 만들어 준다. 그밖에도 셀 수 없이 꿈꿔야 할 이유가 많다. 꿈은 우리에게 행복한 삶을 선물해 준다. 그리고 우리가 꿈꾸는 방향은 세상을 향해 있어야 우리를 더욱 행복하게 해 줄 수 있다고 생각한다. 우리 모두가 서로를 바라보며, 함께 행복하기를 소원하는 열린 마음을 가지길 바란다. 나의 꿈은 누군가에게 상투적으로 보일 수 있지만, 그저 모두 함께 행복 하는 것. 단지 그것뿐이다.

09

아이에게서 독립한 엄마!

• 세상에서 가장 소중한 자신에게 따뜻한 손 내밀기 •

나는 조금은 서툴더라도 친근한 선생님이 되기로 결심했다. 그래서 참 열심히 가르쳤고, 열심히 가르치다 보니 재미도 있었다. 아이들을 좀 더 잘 가르쳐주고 싶어서 아이들에게 도움이 될 수 있는 것들을 찾아 지속적으로 공부를 했다. 그 모든 노력들이 지금의 나를 만들어 주었다. 어딜 가든 눈에 띄고 뛰어난 사람은 아니었지만, 열심히 노력하는 사람이었다. 20년 전, 처음 아이들을 가르칠 때에는 어떻게 하면 아이들을 좀 더 재미있게 가르칠 수 있을까? 고민하고, 밤을 세워가며, 수업 교구와 자료들을 만들었고, 수업 발표회도 엄청나게 자주 하고, 일 년에 한 번은 연극도 했다.

모든 아이들에게 참여의 기회가 갈 수 있게 하려고 많은 행사를 기획하고, 이웃 주민들의 도움으로 벼룩시장과 할로윈 파티를 준비하느라 늘 분주해 있었다. 이제 와서 돌아보니 젊어서 힘이 넘쳤었나 보다. 연년생 두 아가들을 키우면서도 그렇게 열혈 선생님이었다.

 그렇게 아무것도 모르던 초보 선생님 시절 열정 하나로 아이들을 가르쳤었다. 그리고 용인으로 이사를 오게 되었다. 용인은 신도시들의 특징을 다소 가지고 있는 지역이라서, 영어를 언어로서 습득하는 것과 더불어 학교 내신 과정을 대비하는 것에 대한 요구에서 자유로울 수 없어서 병행을 하게 되었다. 그렇게 학부모들의 요구에 따라 수업을 하던 나는 조급해지는 나 자신을 발견하게 되었다. 그럴수록 아이들과의 소통보다는, 기초도 없이 내게 온 중학생들을 빨리 정상의 궤도에 올려놓기 위해 몰아세우는 수업을 해야만 했었다. 그래도 열심히 가르치니까 괜찮다고 나를 위로하기엔 몸도 마음도 고달팠다. 나와 아이들은 몇 년 간 그런 수업을 한 후, 다시는 그런 수업을 하지 않기로 결심했다. 그리고 나서 나는 다시 예전에 홍제동에서 아이들과 즐거웠던 수업을 떠올렸다. 아이들이 언어로서 영어를 즐겁게 습득하고, 더 나아가서는 책을 통해 생각의 깊이를 키워가는, 그래서 배움과 생각하는 자체가 즐거운 아이들이 될 수 있도록 이끌어 주는 선생님이 되겠다고 결심했다.

요즘 아이들은 우리 때와 비교해서 보면 정말 다르다. 아이들이 달라진 요인은 가족의 형태, 신도시들의 출현, 학교나 사회 환경 등으로 다양하겠지만, 요즘 친구들에게는 스마트폰의 영향도 크다. 아이들은 스트레스 요인이 많다. 그래서 자기도 모르게 소극적이거나 방어적인 친구들도 있다. 요즘은 어른들도 관계에서 오는 어려움으로 마음이 힘든 경우가 많다 보니, 성장하고 있는 아이들이 관계에서 오는 어려움이 있는 것은 당연하다. 아이들이 여유롭고 편안하게 관계를 맺고 소통하는 법을 배울 수 있는 시간이 없다. 우선은 소통과 관계를 배우기 위한 장소로 학교가 적합하지 않아졌다. 학교가 더 이상 친구들끼리 마주하고 싸우기도 했다가, 쉽게 화해하기도 하고, 자연스레 그 과정을 통해서 성장할 수 있는 친구들과의 소통의 장이 아니다. 그리고 방과 후에도 친구들과 자연스럽게 놀고, 좋은 관계를 맺었다가 변화했다가 할 수 있는 시간이 없다. 아이들은 친구들과 놀지 못하고 학원으로 간다. 그렇다보니 아이들은 소통하는 법을 배울 수 있는 충분한 시간이 없다. 관계에 있어서 문제가 생기면, 어른들이 개입하여 빠르게 문제를 종

아들아 방황해서 고마워

결한다. 그리고 아이들은 소통하는 법을 배울 기회를 상실하게 된다. 그 결과로 아이들은 당연히 충분한 시간을 가지고 소통할 사람들을 주위에서 점점 잃어간다. 그래서 나는 아이들의 생활에서 소통하는 사람의 역할을 하고 싶다. 학교에서도, 학원에서도, 그리고 심지어 가족에게서도 공부로 평가받고 판단 받는 아이들에게 또 한 명의 판단하고 평가하는 어른이 아이라, 그냥 말 걸기도 편하고 서투름이 있는 어른이지만, 따뜻한 시선과 말을 안겨주는 친근한 선생님이 되기로 결심했다.

심리학이 우리에게 도움이 될까? 인간관계에서도, 직장에서도, 아이들의 학교에서도, 그리고 가정에서도 심리학은 우리의 생활 가까이에 들어와 있다. 다양한 방법으로 다양한 사람들이 사람들의 심리를 이용한 마케팅을 하고, 사람들의 관계 문제에 심리학을 적용시키고, 개개인의 마음의 문제를 심리 상담을 통해 해결하는 시대가 되었다. 아들의 사춘기를 겪으면서 마음의 문제를 해결하고 싶었던 나는 심리 수업을 듣고, 심리학책들을 읽어 나가고 있다. 수업을 듣고, 책을 읽어볼수록 심리학의 원론에 근거하여 인간의 심리 문제를 단순히 재단하기에 인간의 마음은 너무나 고유하고 다양한 대상이다. 몇 번의 심리 상담으로 마음의 문제를 완전히 해결할 수도 없고, 게다가 심리 상담 비용은 생각보다 고가이다. 정말 삶이 힘겹고, 마음의 문제를 해결하고 싶어도 시간과 경제적 여유도 없는 사람들에게는 그림의 떡일 수가 있다. 이미 상품화된 마음의 문제를 잘 알지도 못하는 상담자에게 많은 금액을 지불하면서 맡기는 것은 현명한 선택은 아니라는 생각이 들었다. 우리에게 지금 필요한 것은 늘 함께 생활하는 사람들과의 따뜻한 눈빛과 소통이라는 생각이 든다. 경쟁과 시기와 질투와 과시가 가득한 우리의 마음에서 그것들을 과감히 빼고, 그냥 일상에서 마주하는 사람들과 사심 없는 따뜻한 대화를 나누는 것이 좋을 것 같다.

다시 말해 사람의 마음에 꼭 필요한 것은 익숙하지 않은 낯선 마음의 전문가가 아니라, 일상이라고 말할 수 있는 내 주변에 늘 익숙한 사람과 장소인 것이다. 일상이나 늘 익숙한 사람과 장소에 대해서 생각하면, 아들과 함께 방황하던 아들의 친구가 생각난다. 중학교 3년 동안 세 군데의 학교를 다닌 그 친구에겐 주변에 늘 익숙한 사람과 장소가 없었고, 어느 곳에 마음 하나 둘 곳이 없었던 아이였다. 그리고 내가 일하느라 시간을 메우기 위해 축구를 했던 아들도 일상에서 늘 익숙한 사람과 장소가 없었었다. 그때 아들은 마음을 온전히 의지할 대상이 없었던 것이다. 그렇게 일상에서 마

아들아 방황해서 고마워

음을 의지할 사람이 없는 아이들은 공부에 집중할 마음과 머리를 점차 잃어갈 수밖에 없었다. 아들과 친구의 경우뿐 만 아니라, 지난 20년 간 나는 많은 아이들이 마음에 불안함이 있으면 학습의 동기를 잃어버리고, 마음과 뇌가 다른 곳으로 향하는 것을 많이 보아 왔었다.

사실 학교라는 공간은 활동적인 아이들에게는 다소 답답한 공간이 될 수 있다. 아이들마다 특성이 모두 다르고, 요즘은 더구나 학교에서 활동에 대한 제약이 많아 학교생활이 알게 모르게 스트레스가 되는 아이들이 제법 있다. 내가 가르치던 아이들 중 몇몇 아이들은 초등학교 시절 학교 심리검사 과정에서 'ADHD(Attention Deficit Hyperactivity Disorder, 주의력결핍 과다행동장애)' 진단을 받았고, 약물을 복용하던 친구들이 있었다. 그런데 시간이 지나면서 이 진단들이 과잉 진단으로 드러나기도 했다. 그래서 과잉 진단임을 알게 된 부모들은 멀쩡한 아이에게 약을 복용하게 하여 억지로 차분한, 아니 기운이 빠진 아이로 만든 것에 대해 가슴 아파하기도 했다. 내가 처음 아이들을 가르치던 20년 전에는 'ADHD'라는 개념 자체가 없었다. 요즘은 아이들의 행동이나 능력에 대해 지나치게 증상으로 진단을 하는 '진단이 남용되는 시대'라고 말할 수 있다.

몇몇 아이들은 초등학교 입학할 당시 한글을 제대로 읽지 못하는 상태였다. 입학을 하고 이 아이들의 부모들은 학교에서 전화를 받았다. 댁의 자녀가 난독증이니 치료가 필요하거나 특별한 교육이 필요하다는 내용 이었다.

EBS 다큐멘터리 '다시 학교'에서는 글을 읽지 못하는 아이들에 대해서 다루고 있었는데, 뉴질랜드의 공립학교에서는 아이들이 학년 별 읽기 수준을 따라가지 못하는 경우, 학교에 상주하고 있는 읽기 담당 선생님이 아이의 부족한 읽기 능력을 필요한 수준까지 끌어 올릴 수 있도록 1대1 코칭을 해 준다고 한다. 학습에 있어서 필수적인 읽기 능력을 학교에서 담당을 해 주는 것은 어찌 보면 당연한 일이 아닐까 한다. 그러나 이렇게 학교에서 'ADHD'나 '난독증'이라고 판단되는 친구들은 천덕꾸러기처럼 학교를 다니게 되니, 아이들의 마음은 편할 수가 없을 것이다. 때로는 그로인해 학습을 지속할 수 있는 능력을 점점 상실하게 되기도 한다.

아이들이 맘이 편하지 않은 이유는 다양하다. 학교의 상황이 아이의 스트레스 요인이 되기도 하지만, 가정에서도 부모의 이혼, 불화, 경제적 어려움 등이 아이에게 스트레스 요인으로 작용을 한다.

아들아 방황해서 고마워

나도 일을 하는 엄마였기에 우리 아이들이 집에서 엄마가 돌봐 주는 아이들보다는 스트레스를 받는 요인들이 많았던 것 같다. 오랜 기간 경제적인 어려움으로 인한 우리 부부의 불화도, 아이들에게는 큰 스트레스 요인이 되었을 것이다.

아이들을 가르치다보면 예기치 못한 어려움을 만나는 경우도 많이 있다. 내 학생들 중에서 아주 사랑스러운 아이가 있었다. 그 아이는 본능대로 솔직하게 표현하고, 행동하는 아이였었다. 엄마가 직장에 다니셔서 새벽에 집에서 차로 10분 거리에 있는 할머니 댁에 맡겨지고, 그곳에서 등교를 했었다. 경찰이신 아빠는 아이를 사랑하는 마음과는 달리 엄하게 다루었고, 아이는 아빠 앞에서 표출하지 못하는 스트레스를 밖에서 표출하기 시작했다. 어느 날 그 아이는 물건을 집어 던지고, 발로 차고, 부서뜨리며 자신의 감정을 주체하지 못했었다. 아이의 아버님을 뵙고, 차분히 설명하고 이렇게 말씀드렸다.

"아버님, 지금 우리 아이에게 필요한 것은 영어공부가 아니라, 가족의 안정적인 사랑이라고 생각합니다. 아버님이 많이 안아 주시고, 함께 하는 시간을 많이 가지셨으면 좋겠습니다.

그 후 아이는 학원을 그만 두었지만, 가끔 지나가는 길에 내게 들러, 말없이 나를 꼭 안아주고, 돌아서곤 했다. 아이들이 마음이 편하고 부모와의 관계가 좋다면 최고로 자라지 못하더라도 사랑과 진정한 가치를 실천하면서 살아갈 수 있는 사람이 될 것이다. 그것이 인생의 성공이 아닐까 생각해본다.

이렇듯 다양한 이유로 아이들은 스트레스를 받을 수도 있고, 불안정한 감정을 가질 수도 있다. 아이들은 자신의 불안한 감정을 제대도 표현할 수 없기 때문에 그 증상들은 짜증으로, 수다로, 폭식으로, 신 음식을 먹는 것으로, 불면증, 과잉행동 등으로 나타날 수 있다. 그리고 그 동안 수많은 아이들의 그런 행동을 봐 오면서 나의 자녀들을 포함해 내가 만나는 아이들에게 앞으로 사랑받고 있다는 느낌을 줄 수 있는 어른이 되어야 겠다는 다짐을 해왔다. 익숙한 장소의 익숙하고 편안함을 주는 그런 어른. 아이들에게 늘 다정한 눈빛과 말과 사랑을 전해줄 수 있는 그런 어른… 우리는 모두 그런 어른들이 될 수 있다.

사람은 자신이 소화해 낼 수 있는 일의 용량이 있다. 그러니 일하는 엄마들의 일은 용량 초과인 것은 당연한 일일 것이다. 그렇

아들아 방황해서 고마워

지만 우리 사회는 엄마가 주부 역할도, 엄마 역할도, 사회인 역할도 완벽히 해내길 요구한다. 그런 분위기에 쫓기는 엄마는 늘 마음이 조급해질 수밖에 없다. 나는 여러 해의 시행착오를 통해 그 모든 것에 완벽할 수 없음을 깨끗이 인정하게 되었고, 그것을 인정하고 가족들과도 터놓고 의논해야 한다는 것을 알게 되었다. 스트레스를 받는 슈퍼우먼이기 보다는, 모자라지만 남편과 아이들과 의논하고 도움을 청하는 것이 가족 전체의 건강을 위해서 더 나은 방법임을 깨달은 것이다. 그리고 엄마의 마음이 편해야 아이의 마음도 편안해진다. 지금 우리 아이의 성장이나 성과가 나를 평가하는 기준이 되어서는 안된다는 것을 기억해야 한다. 지금 사춘기인 우리 아이와 우리에게 필요한 것은 '건강한 관계'라는 것을 반드시 기억해야 한다. 그렇게 부모와 건강한 관계를 가지고 있어 마음이 편안한 아이는 인생을 살아가면서 자신을 성장시킬 공부를 제대로 할 수 있는 단단한 아이로 성장을 하게 될 것이다.

아들의 사춘기를 무사히 잘 보낼 수 있는 우리 가족 모두가 행복할 수 있는 방법을 찾다 보니, 결국은 나를 사랑하고, 내가 원하는 것과 내가 기쁨을 느낄 수 있는 것을 먼저 찾아야겠다는 생각으로 이어졌다. 내가 진정으로 원하고, 내가 하면 기쁜 것들이 바로 나의 소망이자 꿈이 되는 것이다. 그것은 작은 것이라고 해도 상관이 없다. 지금까지 가족들만 생각하고 살아온 엄마들이, 하고 싶은 일을 찾아 실행해 옮기면서, 진정으로 기쁘고, 하고 싶은 일을 한다는 것이 처음에는 어색할 수도 있다. 그리고 생각보다 어려울 수도 있다. 하지만 기뻐하고 행복한 삶을 살아가는 엄마를 보면서 아이들도 분명 행복해질 것이다. 우리 아이들의 상황이 아주 좋은 상황은 아니어서 처음엔 나도 그런 생각을 했다. '우리 애들 상황이 이런데, 내가 하긴 뭘 해.'

이제와 돌이켜보면 그 때 아이들만 바라보지도 않고, 내 일을 그만두지도 않았던 것이 참 잘한 선택이라 생각한다. 내가 나 자신에게 집중하는 동안, 아이들도 나도 숨 쉴 구멍이 더 생겼으니까. 그 때 내가 아이들만 바라보면서 발을 동동 굴렀다면, 엄마의 불안함과 슬픔을 느끼며 아이들도 더욱 힘들었을 것이고, 나도 매일 매일이 답답하고, 내가 어쩔 수 없는 일들로 마음이 더욱 상했을 거라는 생각이 든다. 지금 다시 생각해도 작은 꿈이라도 하나씩 꾸기 시작한 것은 내 인생에서 내가 선택한 일 중 가장 잘한 일이라고 생각한다.

아들아 방황해서 고마워

'오현호' 작가와의 워크샵에서 처음으로 나의 장단기 인생목표를 한 페이지에 써 보았다. 예전부터 다이어리에 'to-do 리스트'를 꾸준히 적어왔고, 꿈과 계획을 위한 수첩을 나 혼자서 만들어 보기는 했지만, 이렇게 한 페이지에 장단기 계획과 실천방법을 적어본 것은 처음이었다. 한 페이지에 모두 적어 보았더니, 나의 인생의 흐름이 한 눈에 보였다. 그리고 가까운 미래와 10년 정도의 먼 미래의 나의 목표가 머릿속에서 유기적으로 연결이 되었고, 10년 뒤의 목표를 위한 과정으로써 단기 계획이 다리를 놓듯 연결이 되어 갔다.

나의 장단기 인생목표

	1년후	3년 후	10년 후
일 Business	첫 책 쓰기 – 매년 책 50권 읽기 – 매일 A4 1장 글쓰기 – 책 쓰기 수업받기	연봉 1억 만들기 – 근로 수입 – 유튜브 수입 – 책 인세	Dream Reading School 어린이 영어 독서 학교 설립 김장 된장 사업 나무사업(트리팜)
건강 Health	체중 감량 – 식단 조절 – 주4회 달리기 – 주 2회 근력 운동 마라톤 10km 완주	바디 프로필 도전 마라톤 20km 완주	도보여행 마라톤 폴코스 완주
자기계발 Development	해금 배우기 – 강습 받기 – 그림그리기 – 매일 1장 그리기	세계여행 – 세계의 교육 – 세계의 달리기 대회 – 세계의 노후생활	유신애 작가 전시회

지금까지 열심히는 살았지만, 너무나 고달프다고만 느껴졌던 나의 삶에 설렘과 함께 이 목표들을 꼭 실천해야겠다는 강한 열망이 생기기 시작했다. 내일 죽더라도, 그 삶의 끝자락에서 '후회 없이 살았노라!' 추억할 수 있는 삶을 살고 싶다는 강한 열망이 나도 몰랐던 나의 마음 저 밑바닥에서 '탁!'하고 튀어 나왔다. 한 때 너무 힘들 때는 내 자신이 가정의 생계를 책임지는 기계처럼 느껴졌었다. 마치 생명체가 아닌 듯 느껴지고, 과연 내가 인간적인 삶을 살아가고 있는 것이 맞는지 의문까지 들었었다. 그런데 내 마음에 새로운 열망이 튀어 오르기 시작하자 다시 내가 살아있는 생명체임을 느낄 수 있었다. 새로운 설렘과 열망을 얻은 나는 다시 내가 살아있음을 느꼈다. 우리는 달콤한 꿈을 꾸다가도 냉철한 현실에 부딪혀 주저앉는 경우가 많다. 나는 죽을 때까지 그 꿈을 못 이루고, 끝내 아쉬워할 것 같다고 생각했다. 그래서 꿈을 이루는 방법을 다시 생각해 보았다. 꿈은 내 생각의 크기만큼 최대한 크게 꾸고, 목표를 이루기 위한 구체적인 계획들 중에서 이루기 쉽고 작은 것부터 시작하기로 했다. 그리고 그로인해 새로운 꿈들도 생기기 시작했다.

나를 꿈꿀 수 있도록 도와주고 있는 좋은 분들도 많이 있지만,

아들아 방황해서 고마워

일 년 동안 급격하게 늘어난 독서량 덕분에 나는 정말 많은 간접 경험을 하고, 정말 많은 이들의 성공과 행복과 꿈에 관한 의견을 엿볼 수 있었다. 게다가 '미라클 모닝'과 독서 모임을 비롯한 여러 가지 모임에 참여하면서 만난 긍정적인 에너지를 가진 많은 사람들과 얘기를 나누면서도 꿈에 대해 많은 생각을 하기도 하였다. 그리고 젊은 사람들만 꿈을 꿀 수 있는 게 아니다. 나이에 상관없이 누구나 꿈을 꿀 수 있다. 꿈을 꾸는 것이 타인의 삶에 해가 되지 않는 선에서 자신의 마음이 끌리는 대로 살아보는 것은 어떨까? 꿈이 있다는 사실 그 자체만으로도 우리의 삶에 엄청난 활력이 생길 것이다. 오늘 당신의 마음이 끌리는 무언가를 당장 생각해 보자. 그리고 행동으로 옮겨보자. 당신이 살아있는 존재라는 느낌과 마음의 설렘이 되살아 날것이다.

세 살 어린 아이부터 100세 노인에 이르기 까지 과연 삶에 어려움이 없는 사람이 있을까? 세 살 어린 아이에게는 세상 모든 것이 처음 만나는 것들로 인해 마냥 신기한 대상이기도 한 동시에 극복해야 할 어려움이 되기도 한다. 인생을 다 살아내어 이제 편안할 만도 한 100세 노인에게도 노쇠한 몸뚱이와 거처와 후손들에 대한 걱정까지 끝이 없이 우리의 인생은 우리가 극복해야 할 어려움과 고민들의 연속이다. 그럼 이 어려움들로 가득한 인생을 우린 왜 힘들게 살아가고 있는 걸까? 그저 태어났기에? 인생은 태어났기에 그냥 살아가는 그냥 그런 한살이일까? 그 수많은 시련과 어려움들에도 불구하고 그래도 인생은 살아갈 만한 가치가 있는 걸까? 우린 인생의 가치와 의미를 어디에서 찾을 수 있을까? 그리고 인간이 왜 살아가는지에 대한 일반화된 의문점을 넘어, 나는 왜 살아가고 있는가? 나는 무엇을 위해 살아가고 있는가? 나는 누구인가? 나는 무엇을 위해 살아야 하나? 끊임없는 무수한 질문들이 나에게로 던져진다.

우리가 이 세상에 태어나던 날 우리는 모두 부모님들에게 아주 큰 의미였었다. 우리가 성장하고 어른이 되고 이 사회에서, 학교에서, 가정에서 각자 역할을 해 나가면서 우리의 그 큰 의미는 그 그룹 속에서의 한 구성원으로서의 역할을 잘 해 나가야 하는 미약한 의미로 변화해 버렸다. 사회에서, 학교에서, 가정에서 우리가 역할을 잘 하고 조화로운 생활을 해 나가는 것은 물론 중요한 일일 것이다. 하지만, 우리 개개인도 그 그룹 속의 부속품이 아니라 독립적인 존재이고, 하나하나의 삶이 소중하고 의미가 있음을 다시 한번 떠올려 보았으면 한다. '김춘수 시인'의 『꽃』이라는 시에서처럼

아들아 방황해서 고마워

'우리들은 모두 무엇이 되고 싶다.' 그냥 아무런 의미 없이 잊히는 삶을 살아가고픈 이는 아무도 없을 것이다.

'그냥 주어진 대로 살면 되지. 인생이 뭐 별건가?!' 이렇게 애써 얘기하면서 어쩌면 굴곡 많은 인생의 아픔을 감싸고, 스스로를 끌어안아보려는 몸부림을 치고 있는지도 모르겠다. 하지만 인생은 별거다. 그냥 주어진 대로 살면 안 된다. 나는 인생길을 돌아 돌아 오면서 우리 삶은 모두 하나하나 의미가 있는 삶이라는 것을 깨달았다. 파충류는 신체적이고 감각적인 뇌만이 발달되어 있고, 포유류는 거기에 감정의 뇌가 더해진다. 그리고 포유류 중 인간만이 유일하게 이성과 고차원적 사고의 뇌를 가지고 있다. 그래서 우리 삶에는 의미가 있는 게 당연하다. 동물적인 감각으로만 살아가는 것이 아니라, 한 차원 높은 생각에 의해 감정과 신체가 움직인다. 우리 인간은 본능적으로 의미 있는 삶을 살아갈 때 행복해지는 지구에서 유일한 생물이다.

우리는 교육을 통해 올바른 가치관과 세계관을 형성할 계기를 많이 갖지 못했다. 물론 학창 시절 배웠던 도덕이나 윤리 과목을 통해 준법정신과 한 인간으로서 양심의 발현이 되기도 했지만, 진정으로 어떠한 가치관을 가지고 삶을 살아야 할지, 세상을 어떤 시선으로 바라보고 살아야 할지에 대한 충분한 고민을 할 시간은 없었다. 우리는 항상 눈앞에 놓인 문제들만 해결하면서 허겁지겁 살아왔었다. 그렇다면 가치관이란 무엇일까? 우리가 살아가면서 우리의 생각, 감정, 또는 의지의 욕구를 충족시킬 수 있는 것들을 가치라고 할 수 있고, 사람들마다 각기 다른 가치를 추구한다. 가치를 지닌 것들은 물질이 될 수도 있고, 신체적인 만족을 주는 것, 또는 정신적인 만족을 주는 것이 될 수도 있다. 즉, 개개인의 욕구를 충족시켜 주는 다양한 가치들이 있을 수 있고, 내 의견으로는 그런 다양한 가치들 중 어떤 것들을 중요시 하는가가 한 집단이나 개인이 지닌 가치관이라고 할 수 있을 것 같다. 사람들은 그 가치관에 따라 옳고 그름을 판단하고, 행위의 우선순위를 정할 수 있다. 즉, 자신이 옳다고 생각하는 일에 신념을 가지고 행동하고, 더 중요하다고 생각하는 일에 우선순위를 둔다. 그리고 그것은 집단을 위한 것일 수도 있고, 개인을 위한 것일 수도 있다. 인간은 사회적 동물이므로 개인의 이익이나 욕구 충족만을 위한 가치관은 안정적일 수 없다. 우리는 그것을 삶을 통해서 몸소 느낀다.

나는 나름대로 옳은 신념을 가지고 살아왔다고 생각했지만, 내

아들아 방황해서 고마워

가 추구하는 가치들을 단편적으로만 떠올렸었고, 큰 의미를 두지 않은 체 실행만 해왔었다. 사람은 누구나 자신이 추구하는 것이 충족이 될 때 행복을 느끼는 것 같다. 그러면 내가 중요하다고 생각하고 나의 생각, 감정, 그리고 몸과 마음의 욕구를 충족시켜 줄, 즉 내가 지속적으로 행복을 느끼며 살 수 있는 가치관은 무엇일까? 생각하기 시작했다. 내가 지금은 가지고 있지만, 언젠가 잃을 수 있는 불안한 가치보다는 내가 언제나 가지고 있으면서 행복할 수 있는 가치를 추구하자. 내가 물질을 많이 가지고 있거나 없거나, 내가 인기나 명성을 가지고 있거나 없거나, 그것만 있으면 흔들리지 않고 행복할 수 있는 나만의 가치가 무엇인지 끊임없이 생각하기 시작했다.

'죽음 앞에서 던지는 질문들'

나는 지혜롭게 살았던가?
나는 제대로 사랑했던가?
나는 다른 사람들을 위해 훌륭한 일을 많이 했던가?

기억이 정확하지 않지만 어느 책에선가 작가는 이렇게 죽음 앞에서 던져질 수 있는 질문들을 제시했다. 이렇게 내가 옳다고 생각하고, 중요시하고, 어떤 상황에서도 흔들리지 않고, 나의 마음을 충족시켜줄 수 있는 가치를 생각해 보면서 죽음이라는 삶의 마지막 요소를 생각해 보지 않을 수 없었다. 나는 딱 한 마디로 죽음 앞에서 할 수 있는 질문이 떠올랐다. '후회 없는 인생을 살았는가?' 백퍼센트 완벽하게 후회가 없는 인생은 있을 수 없을 것이라 생각한다. 하지만 죽음의 순간 후회와 회한으로 가득할 인생을 살고 싶지는 않다. 후회로 얼룩진 인생을 살진 않겠다는 결심이 서는 순간, 나는 행동할 수 있는 용기가 생겼고, 나를 위해 나와 연결된 이 세상을 위해 무엇을 해야 할 지 조금씩 고민하기 시작했다.

우리는 예전보다 물질은 풍요로워졌지만, 언제부턴가 함께 나누고, 돕는 것보다는 계층을 나누고, 서로 우위를 차지하기 위한 경쟁이 과열되어가고 있다. 모두가 협력하기 보다는, 낙오되지 않고 살아남기 위해 안간힘을 다하는 '헝거 게임' 필드에 내던져진 듯 살아가고 있다. 남을 이기지 못하면 내가 살아남지 못한다는 생각이 만연되어 있고, 그것은 어느새 인생을 탐구하고, 다양하게 자신의 가치관을 만들어가는 과정을 가져야 하는 우리의 10대들에게도 스며들어 버렸다. 자녀들의 사춘기에 정서적으로, 감정적으

아들아 방황해서 고마워

로 소통할 수 있고, 함께 행복한 사춘기 나기를 도와주는 것이 우리 부모들의 역할이라 생각한다. 하지만 지금의 현실은 초등학교 때부터 대입과 취업이라는 프레임에 갇혀 아이들을 교육하고 같은 방법으로 숨 쉴 새 없이 아이들을 몰아붙인다. 그러한 환경에 부모들은 우리 아이만 뒤처지지 않을까 하는 불안함과 강박에 사로잡혀 남들이 하는 대로 수능을 볼 능력을 배양하기 위해 학원으로 아이들을 내몰게 된다.

아이들도 그러한 분위기에 학습이 된다. 아이들 자신만의 자유로운 탐색과 가치관을 형성할 기회를 잃어버리게 된다. 어느 순간 아이들은 정체성의 혼란을 겪고 방황하게 된다. 그 시기는 중2가 될 수도 대학교 2학년이 될 수도, 또는 30대가 될 수도 있다. 정체성의 혼란이 오면 아이들은 고민하고, 방황하고, 우울해지기도 한다. 그 옆에서 지켜보는 부모도 분명한 '부모관'과 자신의 가치관을 세울 기회가 없었기에 함께 힘들어하고, 흔들리고, 우울해진다. 내게는 소망이 있다. 이 세상의 청소년들과 부모들이 불행과 우울감에서 벗어나 인생에 대한 탐색의 시간을 가짐으로써 진정한 행복의 길을 찾아갈 수 있도록 함께 고민하고 마음을 나누고 싶다. 여러 방법으로 계층을 나누고, 서로를 경쟁 대상으로 여기며, 나

혼자 살아남기 위해 타인을 제외시키고, 밀어내는 세상이 아니라, 다 함께 행복하고 건강한 세상을 만들어가고 싶다. 서로 주면서 행복하고, 받으면서 행복하고, 함께여서 행복한 세상을 그려본다. 영화 '기생충'이 주는 이 세상의 모든 계층의 양극화 문제에 대한 여운 속에 우리가 많은 생각을 했던 것처럼, 한 번에 그치지 말고 삶을 살아가면서 지속적으로 내가 좋아하고 중요하게 생각하는 가치가 무엇인지 생각을 해보면 좋겠다. 그것이 세상과 함께하는 행복을 위한 것이면 더욱 좋겠다.

젊었을 때에는 같은 일을 20년 이상 하는 것이 지겨울 것이라 생각했었다. 그런데 같은 일을 계속한 지 벌써 25년이 지나고 있다. 내가 생각해도 신기하다. 처음엔 생계를 위한 수단으로, 그냥 단순한 직업으로 생각했던 일이 5년, 10년, 20년이 지나가면서 그때마다 내게 다른 의미로 다가왔다. 그리고 신기하게도 일을 하면 할수록 더욱 재미있고, 행복했다. 곰곰이 생각해 보았다. 이렇게 오래한 일이 왜 이렇게 재미있고 행복해졌는지.12년 전 내가 대학원에 진학하려 했을 때, 주변 사람들의 반응들은 보통 이러했다.

"그 나이에 뭘 또 배워? 그냥 적당히 일하고, 애들이나 잘 키우지!"

아들아 방황해서 고마워

주변 사람들의 그런 이야기에도 흔들림 없이 나는 내가 끌리는 대로 대학원에 진학했고, 재미있게 그리고 열심히 공부했다. 내 평생을 통 털어서 가장 열심히 했었다. 하루에 잠도 2시간 정도 밖에 못 자고, 애들도 키우며, 살림도 살고, 일하면서도 대학원 공부를 하는 2년은 매일 매일이 설레고, 행복했었다. 그거였다! 내게 정말 필요하고, 내가 하고 싶을 때 하는 공부는 몰입도가 200%는 되는 것 같았다. 태어나서 처음으로 공부라는 것이 진정 재미있었다. 그 이전에는 열심히 하는 시늉은 했지만, 정말 내가 절실히 원하는 공부들이 아니었기에, 의무감으로 했다면, 대학원에서 공부할 때 나는 확실히 다른 사람이 되어 있었다. 내가 진정으로 원하는 것을 할 때, 사람은 더욱 몰입할 수 있고, 그 과정을 즐길 수 있다는 것을 확실히 경험한 시간들이었다. 이렇게 원하는 공부를 하는 것에 대한 행복감을 느껴본 나는 우리의 아이들도 그렇게 공부할 수 있길 바랬고, 늘 내가 가르치는 친구들이 어떤 재미있는 도구나 수단을 통해서 재미를 느끼는 것이 아니라, 배움 자체에 재미를 느끼기를 진심으로 바라기 시작했고, 그런 배움의 길로 이끄는 선생님이 되겠다는 결심을 하게 되었다.

그래서 우리에겐 반드시 꿈이 필요하다. 꼭 공부만을 단정지어 말하는 것은 아니다. 꿈은 '내가 진정으로 이루고 싶은 것', '내가 진정으로 가지고 싶은 것', '내가 진정으로 되고 싶은 것'이다. '꿈'이란 것이 있는 사람은 그것을 이루어 가는 과정에서 즐기는 행복까지 누릴 수 있다. 우리가 이제라도 삶의 무게와 책임감에 의해서만 움직이지 말고, '작은 꿈'이라도 조금씩 싹 틔워 간다면, 그 꿈을 향해 한 걸음 씩 걸어 나가는 그 과정이 우리의 삶을 조금이나마 풍요롭게 만들어 줄 것이다. 또한 삶의 무거운 무게를 행복의 무게로 바꾸어 줄 것이다. 작은 꿈이 하나씩 실현될 때마다 자신에 대한 뿌듯한 뭔가 모를 만족감을 안겨줄 것이다.

아주 오래된 이야기이지만, 예전에 내가 고등학교 시절에 나의 모교는 일본의 한 학교와 '자매결연'을 맺었었다. 어느 날 일본 학생들이 우리 학교로 방문을 했었던 적이 있었다. 우리는 서로 의사소통이 되지 않았었다. 일본 학생들은 영어를 전혀 할 줄 몰랐었다. 그래서 우리는 한문 시간과 고전 시간에 배운 짧은 한자 실력으로 그 친구들과 의사소통을 시도 했었다. 그런데 아직까지도 안 잊혀 질 정도로 기억에 남는 일이 있었다. 그 일본 학생들은 장래 희망, 즉 되고 싶은 꿈이 너무나 소박했다. 그 당시 우리 학교 친구들은 대부분 공부를 열심히 해서 대기업을 가거나, 과학자, 교수,

아들아 방황해서 고마워

기자, 기업가 등등이 되고 싶다는 게 일반적인 장래희망이었던 것으로 기억한다.

"將來 希望?(장래희망?)"
"미용사"
"택시 드라이버"

나와 친구들은 생각지도 못했던 소박한 꿈을 그 일본 학생들은 대부분 꿈꾸고 있었다. 그 당시 어린 마음에도 우리가 생각하고 있는 꿈과 다른 꿈을 꿈꾸고 있는 일본 학생들이 정말 신기했었다. 그러나 이제 우리나라에서도 많은 친구들의 장래희망과 꿈들이 조금씩 변화하고 있는 것을 볼 수 있다. 꿈의 크기가 크고 작은 것은 그렇게 중요한 문제가 아니다. 우리의 아이들 중에는 꿈을 상실한 친구들도 많이 있는 것을 생각하면 꿈은 꿀 수 있는 그 자체로 행복인 것 같다. 엄마도 아이도 그 꿈을 향한 행복한 걸음을 떼어볼 수 있길 바란다.

'살기도 바쁜데 꿈이 뭐냐?!'라고 얘기할 사람들도 많을 것이다. 실제로 나도 그랬으니까. 나는 우리 아이들이 사춘기를 겪기 시작하면서 하루하루를 겨우 살아냈었다. 매일 퇴근해 오는 길은 또 내게 책임만을 지워주는 답답한 장소로의 이동이었고, 집이 내게 점차 힘든 공간이 되어갔었다. 집에 가면 말도 안 통하는 남편과 사춘기로 힘든 시기를 겪고 있는 아이들이 있었고, 그들은 내가 책임져야할 대상들일 뿐이었다. 아이들이 태어날 때에는 내게 정말 소중하고 큰 의미였는데, 어쩌다 그렇게 되어버렸는지 사는 것이 매일 매일 지옥이었다. 그런데, 내가 나를 찾으려고 '미라클 모닝'을 하고, 책을 읽고, 운동을 하고, 사람들을 만나면서, 묻어두었던 작은 꿈들부터 하나씩 끄집어내기 시작했고, 어느 순간 달라지고 있는 나를 발견했다. 이전엔 '꿈은 꿈으로만 끝날 것 같다.'라는 생각이 지배적이었다. '그냥 열심히 살다 보면 좋은 날 오겠지'라는 막연한 생각 때문에 내 꿈이 구체화되지 못했다는 걸 점점 깨닫게 되었다. 물론 구체적으로 '난 무엇이 될 것이다.', '난 무엇을 가질 것이다.'라고 꿈이나 목표를 구체적으로 설정하지 않아도, 꾸준함의 힘은 우리에게 좋은 결과와 성취감을 줄 수도 있다. 그런데 그것이 이루어지는데 까지는 생각보다 긴 시간이 필요로 한다. 예로, 내가 영어를 가르치는 일을 20년 이상 열심히 했더니, 이제 많은 분들이 내게 조언을 구한다. 그리고 나는 이제 그 질문들에 '즉문즉답'이 가능하다. 그간 많은 것을 경험했었고, 많은 어려움들을

아들아 방황해서 고마워

마주하며, 모든 문제에는 해결책이 있음을 깨닫는 시간들이었다. 그야말로 몸으로 직접 부딪히며 터득한 노하우들이었다. 도전도, 실수도 많았고, 실수하고 방법을 터득하면서 나 자신에 대한 믿음이 생겼다. 하지만, 내가 어디로 가는 지 잘 모르고 그냥 열심히만 달렸었다.

우리가 꿈이라고 말할 수 있는 것들은 구체화해서, 아주 작은 것부터 그 꿈을 향해 나아갈 수 있는 실천계획을 세워 행동으로 옮겨 나간다면, 내가 가는 길이 어느 방향인지 그리고 어떻게 가야 할지가 더욱 명확하게 보이고, 명확하게 보이다 보면, 무엇을 해야 할 지도 정확하게 알 수가 있다. 그렇게 정확하게 해야 할 일을 알게 되면 혼란스럽지도 않고, 그렇게 실천하다 보면, 조금 더 빠르고 정확하게 목표에 다가갈 수가 있다. 나는 '미라클 모닝'을 시작한 후, '미라클 맵' 저자인 엄남미 작가의 '비전보드 만들기 수업'에 참여하면서 꿈을 구체화할 기회가 생기기 시작했다. 지속적으로 꿈을 구체적으로 적어보고, 사진으로 시각화 하면서 1년 사이에 꿈이 구체적으로 그려지기 시작했고, 그 꿈을 위한 작은 실천부터 시작해 나갔다.

    우선은 장단기 목표를 세우고, 그 구체적 실천방법들을 지속적으로 생각하다 보니, 모호했던 목표들이 조금씩 다듬어져서 명확해지기 시작했다. 1년, 2년, 3년 계획을 세워보면 결국 자신의 인생 목표가 세워진다. 목표를 세우다 보면 내가 좋아하는 것과 내게 중요한 가치들도 생각하는 시간들을 가지게 된다. 무조건 열심히 사

아들아 방황해서 고마워

는 것과 내가 좋아하고 중요하게 여기는 가치들에 따른 의미 있고, 재미있고, 행복한 목표를 세워서 하나씩 이루어 가는 것은 엄청난 차이가 있다. 무조건 열심히 사는 것은 힘들지만, 내게 의미 있고 재미있고 행복한 일들을 하나씩 목표하고, 그것을 이루어 가는 것은 즐거운 일이 된다. 그리고 그로 인해 내 안에서 일어나는 성취감이란 표현할 수 없을 만큼 내게 큰 의미로 다가오고, 자신감 상승으로 이어진다. 이렇게 우리에게 행복과 자신감을 주는 꿈을 한 번 꾸어 볼 만 할 가치가 있지 않을까?

나는 개인적으로 나의 부모님들도 구체적인 계획을 세워서 꿈을 꾸셨으면 좋겠다고 생각한다. 부모님들도 모두 자신의 인생에서 주인공이기 때문에 마지막까지 소중하고 행복한 삶을 살았으면 한다. 꿈은 거창한 것이 아니라 아주 작고 소박한 것이라도 진정으로 바라고 원하는 게 꿈이라고 생각한다. 그리고 그 꿈을 하나씩 이루어가는 것이 우리의 삶이기도 하다.

미래는 자기 꿈의 아름다움을 믿는 사람들의 것이다

– 엘리노어 루스벨트(전 미국 대통령 부인)

나는 문학을 전공한 사람이지만 책을 정말 좋아하진 않았다. 타고난 기질이 자연으로 돌아다니고, 운동하고, 사람을 만나 이야기 나누는 것을 좋아하는 사람이었다. 그런데다 먹고 살기 바쁘다는 이유로 일을 하면서는 일 년에 책을 겨우 몇 권 읽는 정도였다. 10년 전쯤 힘든 삶이 지속되는 시기에 다시 책을 조금씩 찾기 시작했다. 그 당시 관계의 문제로 많이 힘들었었는데, 혜민스님의 『멈추면 비로소 보이는 것들』을 두 번, 세 번 읽고 나서 마음에 큰 도움을 얻었다. 그리고 나서는 마음이 심란할 때마다 책을 읽는 습관이 생기기 시작했다. 그래도 바쁜 일정을 핑계로 그리 많은 양의 독서는 하지 못했다. 그런 내가 '미라클 모닝 루틴'을 시작하면서 책을 좀 더 읽기 시작했다. 새벽 시간을 이용하여 책을 읽으니, 집중도 잘 되고 온전하게 나에게 집중하는 시간이 생기면서, 그 시간 자체가 나에게는 힐링이 되었다. 이제는 새벽에 일어나 책을 읽고 싶어서 일찍 잠자리에 들게 되었다. 밤 늦은 시간에 일하기를 즐기던 내 삶의 패턴이 완전히 바뀌었다.

독서의 효용과 의미에 대해서는 많은 유수한 학자들로부터 일반인들까지 많이 다루고 얘기하고 있는 부분이지만, 독서는 그 효용과 일반적인 의미를 넘어서서 내게 특별한 의미가 되었다. 독서

아들아 방황해서 고마워

는 내게 인생의 문제를 해결해 주는 해결사 역할을 했다. 내 상처 난 마음을 스스로 치유하고, 조절하게 해주는 자연 치료제였다. 세상을 멀리, 그리고 깊고 넓게 바라볼 수 있는 넓은 시야를 주었다. 독서는 나에게 스스로를 믿고, 행동할 수 있는 용기를 주었다. 세상과 나를 연결해 주는 중개자가 되었다. 내가 나 자신만의 생각과 상상력을 표현하고 발휘할 수 있게 해 주었다.

　나는 개인적으로 지식을 습득하고, 정보를 얻는 것 이외에 해소되지 않는 마음의 갈등과 상처가 있는 분들에게 독서를 권하고 싶다. 그 누구의 강요도 없이 세상의 이치와 마음의 작용들에 대한 무한한 예시를 책에서 볼 수 있고, 그 안에서 우리가 겪고 있는 문제들의 해결 방향을 우리 스스로의 생각으로 찾아 나갈 수 있다. 속성으로 단기간에 치료받는 것 보다 시간이 걸려도 우리 스스로의 생각을 통해 치유하는 방법이므로, 치료의 지속성도 아주 좋다. 병원 치료로 약을 먹거나, 심리상담사를 찾는 방법보다도 훨씬 더 큰 효과가 있다고 자신 있게 말하고 싶다. 독서를 통해 마음이 안정되어 가면서, 책에서 저자들이 나보다 먼저 경험해 본 것들을 하나씩 나도 실천해 나가보고 싶다는 생각이 들었고, 책을 통해서 주저 없이 나 자신을 믿고, 내 마음 속 목소리가 하고 싶다고 하는 것들을 주저하지 않고 무조건 실행하기로 했다. 그 행동하고자 하는 나의 열망이 내 꿈을 실천해 나가는 첫 밑거름이 되었다.

어릴 적부터 부모님들이 글을 쓰시는 것을 보고 자라서인지, 잘 쓰지는 못해도 글을 쓰는 것을 좋아했다. 나의 생각과 감정을 기록하는 것을 좋아했다. 일기나 편지를 쓰고 간직하는 것을 좋아해서 20~30년 전 다이어리와 편지들을 아직도 간직하고 있다. 그래서 10년 전부터 내가 이루고 싶은 꿈들 중 하나는 책을 쓰는 것이었다. 처음엔 영어 교육에 관한 책을 쓰려고 글쓰기 강좌를 찾아다녔다. 그러나 아들의 격렬한 사춘기 덕분에 나의 첫 책의 주제는 영어 교육에서 자녀교육으로 변경되었다. 2년 가까이 아들의 방황 중에 그때그때 일어난 일들과 나의 감정들을 고스란히 적기 시작했다. 처음에는 아들의 방황을 중심으로 나의 감정들과 아들이 제자리로 돌아오길 바라는 나의 소망과 기다림을 위주로 글을 썼다. 2년 이라는 짧지 않은 기간 동안 많은 생각의 변화가 있었다. 많은 일이 일어나기도 했지만, 글을 씀으로써 내 생각과 감정의 정리가 된 것 또한 큰 도움이 되었다. 사춘기에 대해서 공부하는 동안 사춘기 아이의 방황은 단순히 한 아이와 그 가정의 문제로만 귀결되는 것이 아니란 생각을 하게 되었다. 복합적인 환경적 요인 또는 아이의 기질적인 요인으로도 아이의 방황은 쉽게 올 수 있다는 것을 알게 되었다. 아이가 방황하는 것을 아이도 엄마들도 죄책감과 수치감으로 살아가지 않기를 바라는 마음이 커져갔다. 그리고 아이를 키우는 모든 엄마들이 자유롭고 행복하게 육아를 할 수 있도록 좀 더 능동적인 생각의 전환이 필요하다는 사실을 많은 엄마들과 공유하고 실천하고 싶었다. 그런 이유에 나는 지금 이 글을 쓰고 있다. 이 글을 쓰면서 나는 또한 나의 오랜 꿈을 실천하고 있고, 그 다음 꿈을 꿀 힘을 얻고 있다. 그리고 글을 쓰는 과정 자체가 나에게는 또 하나의 힐링이 되었다. 글을 쓰는 과정 또한 자신을 찾아가는 과정이 될 수 있으니 글을 쓰면서 스스로의 생각을 정리하고 치유의 경험을 하는 분들이 많아지기를 또한 바래 본다.

  내가 진정한 나로서 살아가기 시작한 데 가장 큰 도움을 주었던 것이 독서였지만, 그에 못지않게 나에게 큰 도움을 주었던 것은 새벽에 하는 달리기였다. 매일 아침마다 걷던 나는 걷기 루틴을 달리기 루틴으로 변경하였다. 처음에는 달리기를 시작하면서 달리기 앱을 내 스마트폰에 깔고, 앱이 시키는 대로 달리기 연습을 시작했다. 처음엔 500m도 지속적으로 달리기 힘들었던 나였지만, 점점 연속으로 더 많은 거리를 달릴 수 있게 되었고, 달리기를 시작한

지 5개월 만에 처음으로 마라톤 10km를 완주했었다. 그 첫 감격은 아직도 잊을 수 없다. 그리고 이어서 10월에 '춘천 마라톤', 12월엔 '낙동강 마라톤 하프(21.0975km)' 완주까지 난 내 평생에 처음으로 과감한 도전을 하게 되었다.

인생을 살아오면서 무모한 도전을 하거나, 나의 한계를 극복해 보려는 의지를 가져본 적이 별로 없었다. 그저 안정적으로 조금씩 할 수 있는 만큼 하면서 무리 없이 사는 것이 가장 좋은 것이라고 믿어왔었고, 또 그런 삶을 추구해 왔었다. 처음 내가 마라톤 5km에 도전해 보겠다고 했을 때, 오현호 작가는 조심스럽게 내게 말했다.

"신애 님! 이왕 하시는 거 10km로 신청하세요. 목표를 200퍼센트로 설정을 하면, 중간에 그만 두시더라도 7~8km는 뛰게 되는 거잖아요."

나는 속으로 내가 할 수 있을까 걱정스러우면서도, 그렇게 해보겠다고 대답하며 10km를 신청했다. 나는 나의 한계를 뛰어 넘는 목표를 설정했다. 두려움도 걱정도 있었지만, '그냥 한 번 해보지

아들아 방황해서 고마워

뭐!' 라고 생각하면서 나의 한계에 도전하는 동안, 나는 10km를 성공해냈다는 것 이상의 마음의 보상을 받았다. '달리기뿐 만 아니라, 다른 것에도 나의 한계를 뛰어 넘을 수 있겠구나!'라는 자신감을 얻게 되었다.

인생을 살아오면서 경험했던 다른 성취감과는 또 다른 무엇이었다. '내 몸이 내 마음과 하나였구나.'라는 것을 몸소 느끼게 되었다. 많은 사람들이 몸의 움직임과 운동이 마음의 건강에 영향을 준다고 얘기하고, 나 또한 그러한 경험을 조금씩 하긴 했지만, 내 몸이 할 수 있는 것의 한계를 뛰어 넘었더니, 다른 한계도 뛰어넘을 수 있겠다는 마음의 에너지가 샘솟았고, 뭔가 모를 설렘과 벅차오름, 그리고 열정이 내 맘 속에서 꿈틀거림을 느꼈다. 친구들은 이 나이에 뭘 새로운 걸 하냐고 그냥 살던 대로 살라고 핀잔을 주지만 내 생각은 다르다. 물론 내가 내일 죽더라도, 혹은 100세까지 삶이 허락되더라도 죽음의 순간에 후회 없는 삶을 살았다고 느끼고 싶다. 그리고 어떻게 살아야 죽는 순간에 후회하지 않을까 깊이 고민하게 되었다. 우선 내가 하고 싶은 일을 하고, 내가 원하는 방식의 삶을 살아야겠다는 생각이 들었다. 그리고 삶은 타인과 어우러져 살면서 서로의 마음을 주고받을 때 더욱 충만함을 느끼니,

타인과 세상에 조금이라도 기여하는 사람이 되어야겠다는 결심을 하게 되었다.

내가 사랑하게 된 '미라클 맵'을 쓴 '엄남미' 작가는 한 강연에서 '인생은 마라톤보다 힘들다.'라고 말했다. 마라톤은 끝이 있지만, 인생은 언제가 끝 지점인지 알 수 없는 끝이 없는 여정이기 때문이다. 우리는 죽기 전까지 이 인생이라는 긴 여정의 중간 과정에 있다. 지금까지의 여정을 잘 밟아온 사람도 있을 수 있고, 지금까지 힘겹게 혹은 후회스럽게 온 사람도 있을 수 있다. 그러나 지금까지 어떻게 왔는지가 우리의 현재를 만들어 주었듯이, 이 순간부터 어떻게 살아갈 것인지가 우리의 다음 여정들을 만들어 줄 것이다. 누구나 변화할 수 있고, 매일 조금 더 나은 자신이 될 수 있다. 매일 조금씩 더 나아진다면, 우리는 5년 뒤, 10년 뒤에 꽤 괜찮은 곳에 도착해 있을 것이다. 5년 뒤, 10년 뒤에 제법 괜찮은 곳에서 행복하고 있을 자신을 상상하며, 힘을 내어 매일 조금씩 달려보는 건 어떨까 생각해 본다.

매일 새벽에 일어나 책을 읽고, 자연 속에서 달리면서, 지난 일년 반 동안 나는 다년 간 복용하던 혈압 약을 더 이상 복용하지 않

아들아 방황해서 고마워

게 되었고, 목 디스크의 통증으로부터도 더욱 자유로워졌다. 달리면서 처음엔 아프던 발목도, 무릎도 이제 근육이 강화되어 아프지 않고, 심장 기능도 많이 강화가 되었다. 게다가 체중도 줄고 있다. 이렇게 신체적인 건강을 되찾아 가는 것 외에도, 또 다른 나 자신을 발견하기도 했다. 점점 더 자연스럽게 환한 웃음을 짓고 있는 나 자신을 보면서 진심으로 감사하고, 행복함을 느끼기 시작했다. 이후, 코로나로 어려운 시기를 보내면서도 꾸준히 달리기를 한 나는, 얼마 전 제주 해안도로를 따라 42.195km를 달리는 도전을 성공했다. 달리는 동안 우리 가족과 세상의 안전과 행복을 기원하였다. 42.195km의 거리를 지나는 순간 그 성공의 경험은 그 어떤 물질적 소유와도 비교할 수 없는 평생의 재산이 되었다. 이 경험으로 나는 내 인생의 다음 여정에서 더욱 힘을 낼 수 있을 것 같다.

엄마로서, 가정을 책임지는 삶이 전부인 줄만 알고, 일과 가사와 육아 외엔 다른 곳으로 눈을 돌려보지 못한 채 20년을 달려만 왔었다. 그냥 열심히만 살면 되는 줄 알았다. 나 자신이 누구인지, 무엇을 좋아하고, 무엇을 하고 싶은 지, 내가 왜 이렇게 열심히 사는지, 그 이유도 모른 채 열심히만 살았다. 그리고 그것이 내가 원하는 것을 하면서 주체적으로 살아가는 삶이 아니었기에, 내 주변에 많은 이들을 원망하면서 살았다. 내가 그토록 사랑하는 사람들을 많이도 원망해왔다. 내가 선택하여 결혼한 남편을 원망했고, 부모님을, 친구들을, 그리고 내가 가장 사랑해 주어야 할 나의 아이들까지도 원망하며 살았다. 내 스스로 나의 삶을 찾지 못했고, 수많은 원망을 해왔다는 사실을 뒤늦게 깨닫게 되었다. 강렬하게 자신을 표현하는 아이들의 외침을 통해 이제라도 그것을 깨달은 것은 정말 행운인 것 같다는 생각을 한다.

사춘기 아들의 방황을 이겨낼 해답을 찾기 위해 시작했던 나의 공부와 탐색은 이제 내가 내 삶의 주체로 살아나갈 방법을 찾는 것으로 방향 전환을 하였다. 아들의 방황으로 인해 알게 된 청년 '오현호' 작가가 진행하는 '미라클 모닝' 스터디에 참여하게 되었다. 새벽 5시에 기상하여, 실천 사항들을 인증하며, 서로 격려하면서 한 달간 습관으로 정착시키는 것을 목표로 하고 있었다. 하루 일과를 끝내고 다른 업무와 집안일을 마무리하고 나면, 늘 늦은 시간에 취침하고, 아침에도 겨우 일어나서 아이들을 학교에 보내던 나는 내 생활 패턴을 내 의지로 바꿔보고 싶었지만, 혼자서는 힘들었다. 스터디 모임을 통해서 흥미롭고 설레는 1주차를 지나, 생활 패턴의 변화로 피곤하고 힘들었던 2주차를 보내고, 조금씩 적응이

아들아 방황해서 고마워

되어 습관 형성이 시작 되었던 3주차도 무난히 지나갔다. 4주간의 성공적인 스터디를 끝내고, 이제 중간 중간의 고비들을 지나 '미라클 모닝' 800일을 향해 가고 있다.

'미라클 모닝'을 실천해온 2년여의 기간 동안 나의 인생에는 많은 변화가 있었다. 우선 늦게 자고 겨우 일어나는 수면 패턴이 바뀌었다. 이제는 아침에 일찍 일어나는 것이 그리 힘들지 않다. 일찍 일어나니 출근하기 전 새벽에 2~3시간은 나에게 정말 황금과 같은 시간들이 되었다.

〈나의 미라클 모닝 루틴〉

5시 기상

차 한잔 준비하고 스트레칭과 5분 명상 & 치유 낭독

하루 일과 간단히 짜고 확인. 모닝페이지 & 확언(절실히 원하는 목표를 다양

한 방법으로 써보고 크게 읽는 시간). 독서와 글쓰기

8시 30분~10시 달리기

매일 40분 달리기 / 가끔 10km / 주말 2시간 달리기

10시~1시	집안 정리 및 출근
1시~9시	근무
9시~11시	하루 일과 마무리
11시 30분~12시	취침

처음부터 이 루틴이 짜진 것은 아니었다. 지난 해 한 달에 한 권도 읽기 힘들었던 독서량도 새벽 시간을 활용하니, 한 달에 4~5권으로 늘어났다. 사춘기 아이들에 대해 알고 싶었고, 부모로서 아이들이 이 시기를 잘 지내고, 건강한 성인으로 성장할 수 있도록 도울 수 있는 방법이 도대체 무엇인지 알고 싶었다. 그래서 사춘기, 학교, 청소년의 뇌, 아이들의 심리에 관한 책들을 읽기 시작했고, 점차 읽는 책들의 분야가 자기계발서, 인문학, 철학, 심리학, 경제 등의 전문 서적 등으로 다양해지기 시작했다. 책들로부터 얻은 것은 기대 이상이었다. 무엇보다도 가장 큰 소득은 나의 마음과 나의 존재에 대한 고민을 하기 시작했다는 것이다. 나에 대해 고민하고 알기 시작하니, 내 주변에서 일어나는 모든 일과 사람들에 대해 편안한 마음으로 대처하기 시작했고, 다른 이들의 관계에 있어서, 고민거리가 줄어들기 시작했다.

아들아 방황해서 고마워

내가 정말 원하는 것을 하나씩 알고 실천해 나가면서, '미라클 모닝' 루틴은 정말 '나다운 나'로 살아가는데 일조하고 있다. 그 어떤 상황 속에서도 흔들림 없이 나의 목표와 꿈을 향해서 행동하고 실천할 수 있는 기반이 되어가고 있다. 그리고 '미라클 모닝'을 실천하면서 실천하기 어려운 상황이 올 때마다 흔들리고 하다가 중단하면 안 된다. 한 번 중단하면 더 하기 힘든 느낌이 들고, 핑계가 자꾸 늘어간다. 그래서 난 아들이 한참 방황하던 시기에도 더욱 흔들림 없이 지켜왔다. 그로인해 평안한 마음을 유지하는데도 큰 도움이 되었다. 사람은 마음이 몸의 상태와 행동을 좌우하기도 하지만, 몸의 상태와 행동을 통해 마음의 상태, 즉 감정을 조절해 나갈 수도 있다는 사실을 실천을 통해서 체감하였다. 하루도 빠짐없이 무슨 일이 있어도 새벽 루틴을 실천하면서, 마음도 훨씬 가벼워지고, 타인과의 관계와 나의 감정을 상황에 의존하지 않고 나 스스로 조절할 수 있겠다는 자신감을 얻었다.

'미라클 모닝'을 실천한다고 하면 모두 새벽 3시, 4시, 5시에 일어나서 명상, 확언, 시각화, 감사일기, 독서, 운동의 모든 과정을 완벽히 해야 한다고 생각하고 부담을 느끼곤 하는데, 이러한 과정들을 너무 거창하게 생각하지 말고, 짧은 시간을 투자하더라도 꾸준히 실행한다는데 초점을 맞추면, 누구나 자기만의 '미라클 모닝 패턴'과 습관을 만들 수 있으리라 믿는다. 나도 매일 일을 하면서 루틴을 만들고 실천하는 것이 힘들었지만, 완벽하게 못 지키는 것에 대한 스트레스가 있으면, 지속하기가 힘들다는 생각에 실천에 융통성을 발휘하는 편이다. 또한 혼자 실천을 지속하기가 힘들다면, 먼저 실천하고 있는 다른 사람들과 함께 하면서 응원을 받는 것도 한 방법이다.

무언가를 거창하게 해야지만 나 자신이 가치 있는 인간이 되는 것은 아니다. 우리 아줌마들이 설거지, 빨래 등 집안일을 하는 것도 정말 중요한 의미가 있다. 그 행위는 단순한 반복 행위가 아니다. 매일매일 설거지를 밀리지 않고 해내고, 가족들이 필요할 때 옷을 다시 입을 수 있도록 빨래를 하는 행위는 늘 우리가 하는 행위이기에 큰 의미를 부여받지 못하지만, 우리 삶에 있어서 아무도 하지 않으면 세상이 돌아가지 않을 만큼 큰 의미가 있는 행위들인 것을 엄마들의 부재를 통해서 가족들이 가끔 느끼곤 한다. 이처럼 매일매일 조금씩 뭔가를 꾸준히 해 나간다는 것은 우리 삶을 지속되게 하는 아주 중요한 역할이라고 할 수가 있다. 사실 꿈을 찾겠다고 독서도 하고, 글도 쓰고, 운동도 하지만 그것들이 너무 부담

　　　　　　　　　　　　　　아들아 방황해서 고마워

이 되는 일이 되어버리면, 그것을 지속할 수가 없다. 그래서 자신에게 부담 없는 양을 정하여 매일 꾸준히 실천해 나가는 것이 중요하다. 아주 적은 양을 매일 꾸준히 하다 보면, 자신이 좋아하고 끌리는 일들은 지속하게 되고, 그 양도 늘려 나갈 수 있다. 그리고 꾸준히 가 잘 되지 않는 것은 자신이 별로 끌리지 않는 방법이라고 생각하면 될 듯하다. 그렇게 자신이 지속할 수 있는 '나 다운' 행복 실천 방법들을 구분해 나가면 될 것이다.

내가 해온 행복 실천 방법들은 독서, 글쓰기, 달리기, 걷기, 등산하기, 필사, 1일 1 드로잉, 음악듣기, 다큐보기 등이 있지만, 그밖에 여러분들이 할 수 있는 행복 실천 방법들은 더욱 무궁무진할 것이다. 예를 들어 나의 주변에는 취미로 시작한 캘리그라피를 통해 만족과 행복을 느끼며 지속하다가 캘리그라피 작가가 된 엄마도 있고, 천연비누와 샴푸를 만들어 주변 사람들과 나눠 쓰다 판매를 한 엄마도 있고, 요가를 배우다 적성이 맞아서 강사 자격증을 따고 활동을 하는 엄마도 있다. 지난 10년간 어떻게 지내왔는지가 우리의 현재를 만들었다. 하지만 그것은 끝이 아니다. 앞으로 우리가 보낼 10년은 우리의 남은 인생을 더욱 의미 있게 만들어 줄 것이다. 그리고 그 모든 것은 우리의 마음에 달려있다. 그동안 인생을 살아내면서 힘들었다면 이젠 진정으로 자신이 원하는 것을 찾기를 바란다. 그리고 '까짓 거 한 번 해보지 뭐!'라는 마음으로 용기 있게 첫걸음을 떼어 보길 바란다.

오래된 기준, 가족들에 대한 걱정, 남편의 반대, 아이들의 방황. 지금까지 당신의 발목을 잡았던 그 모든 것을 잠시 뒤로 하고, 세상에서 가장 소중한 자신에게 따뜻한 손을 내밀어 보자. 자신을 먼저 바라보자. 내가 진정으로 원하는 것이 무엇인가? 그것을 찾아 인생을 진정으로 누리며 행복한 당신이 되길 바란다. 그리고 지금까지 남편과의 관계로, 부모님과의 관계로, 그리고 자녀 양육에 대한 무게로 어려움을 겪고, 실수도 하고, 자존감도 많이 떨어져 있을 수 있는 당신 자신을 적극적으로 응원하자. 어느 날 당신은 아이와 함께 꽃을 피우기 시작하는 자신을 발견하고, 환한 미소를 지을 것이다.

Epilogue

나의 사랑하는
딸과 아들

아들아, 너의 방황은 엄마를 반성하게 했고, 엄마를 성장시켰고, 더 넓은 세상에 나아가도록 용기를 내게 만들어 주었고, 스스로의 삶을 좀 더 적극적으로 살아가게 만들어 주었어. 아직 너의 방황이 완전히 끝나지 않았지만, 이제 엄마는 두렵지 않아. 네가 너의 길을 잘 찾아 갈 거라는 믿음이 생겼으니까.

지금부터라도 더욱 많이 사랑한다 말해주고, 더욱 많이 안아주고, 더욱 많이 너의 맘을 알아주고, 더욱 많이 너와 대화하고, 너의 존재만으로도 너는 소중한 아이라는 걸 말해주고 싶어.

너의 방황이 없었다면, 엄마는 이 소중한 시간들을 진심으로 너와 함께 하지 못했을 거야. 그리고 너희들이 원하지도 않는 어른들만의 기준으로 너희들을 판단하고, 너희가 그 기준을 무조건적으로 따르기를 원하면서, 똑같은 길을 가라고 강요하고 비교하면서 욕심을 부리고 있었을 거야.

딸, 수학 공부가 싫다고 말해줘서 고마워! 수학 공부가 숨이 막히지만, 그만두겠다고 말하지 못하는 아이들이 많은데, 용기 있게 먼저 얘기해준 덕분에, 엄마가 너희들이 학교에서 받고 있는 수학 교육에 대해 열심히 고민하게 되었어. 그리고 수학 교육에 변화가 필요하다는 생각을 좀 더 구체적으로 해보았고 너처럼 음악을 하거나 다른 진로를 선택하는 친구들에게는 수학이 꼭 필요하지 않다는 사실도 받아들이게 되었어.

이제 너희들만의 독특함과 너희들의 생각을 존중하고, 아직은 성장 중인 너희들의 모든 경험을 존중한다. 스스로 발을 내딛어서 이쪽으로도, 저쪽으로도 가보고, 길이 아니면 돌아 나오기도 하고, 온몸으로 스스로 경험해 보고, 오감으로 느끼고, 온전히 너희들이 만들어가는 인생이길 바래. 그 길에서 엄마는 엄마의 생각과 가치

아들아 방황해서 고마워

관을 말이 아닌 행동으로 실천하며 보여 줄게. 엄마의 모습을 보면서 너희들이 조금이라도 가치 있는 삶을 살아가는데 힘을 얻길 바란다.

나의 하루하루는 나 자신을 찾아가는 여정이다. 내가 나 자신을 찾아가는 동안 나의 사랑하는 아이들도 자신을 잘 찾아갈 수 있을 것이다.

나는 너희들에게 사랑과 믿음을 줄 것이고, 기다려 줄 것이고, 무한의 지지를 보낼 것이다.

행복할
모든 엄마들에게!

세상이 참 빨리 변해가고 있습니다. 그 속에서 우리는 참 적응해 가기 힘들었던 것 같습니다. 지금까지 혼란스럽기도 하고, 고민도 많이 하고, 실수도 많이 했지만, 우리는 우리 자신도, 아이들도 모두 사랑하는 엄마이면서 한 인간이라 생각합니다. 엄마도 아이도 행복한 인생을 누려야 할 소중한 존재들이라 생각합니다. 게다가 여러분들은 지금까지 수많은 어려움 속에서도 아이들을 돌보며 일상을 살아냈기에, 모두 위대한 존재들이라고 말하고 싶습니다. 처음 되어본 엄마 역할을 하느라 실수투성이였지만 최선을 다해서 일상을 살아냈으니 지금까지는 다 괜찮습니다. 이제부터 정말 아이와 우리 자신이 행복할 수 있는 방향을 제대로 선택하기를 바랍니다. 그 방향은 누구나 다르겠지만, 스스로에게 물어본다면, 자신만은 정확히 알 수 있을 겁니다. 그 방향이 정말 나와 아이를 위한 길인지 말입니다. 이제 지나온 실수를 배움으로 삼아 제대로 된 길을 찾아서 여러분의 행복한 삶을 누리시길 바라겠습니다. 감사합니다.

아들아 방황해서 고마워
누구의 잘못이었을까?

초판 1쇄 2021년 8월 1일

지은이 유신애
펴낸이 김용환
펴낸곳 캐스팅북스
디자인 별을 잡는 그물

주소 서울시 강서구 양천로 71길 54 101-201(염창동)
전화 010-5445-7699
팩스 0303-3130-5324
메일 76draguy@naver.com
등록 2018년 4월 16일

ISBN 979-11-965621-6-8 (13590)

정가 16,000원

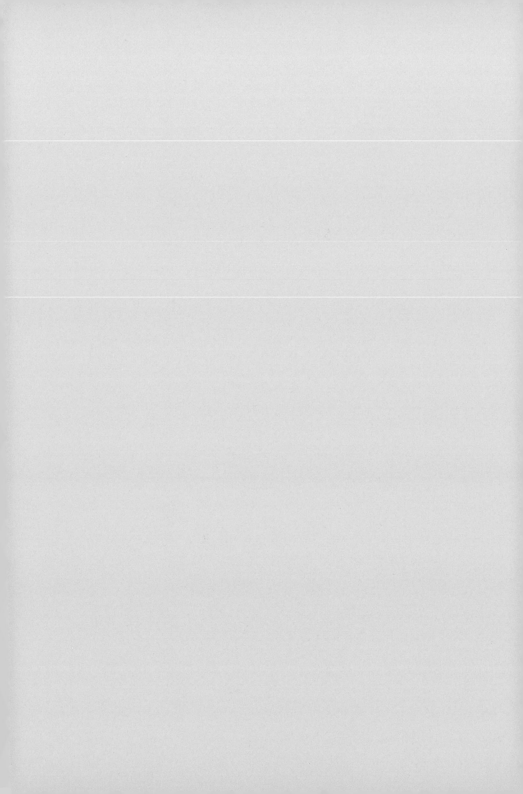